现代城市规划理论与设计研究

贾　崴◎著

吉林大学出版社
·长春·

图书在版编目（CIP）数据

现代城市规划理论与设计研究 / 贾崴著 . -- 长春 : 吉林大学出版社 , 2022.5

ISBN 978-7-5768-0171-2

Ⅰ . ①现… Ⅱ . ①贾… Ⅲ . ①城市规划—研究 Ⅳ . ① TU984

中国版本图书馆 CIP 数据核字 (2022) 第 140076 号

书　　名　现代城市规划理论与设计研究
　　　　　XIANDAI CHENGSHI GUIHUA LILUN YU SHEJI YANJIU
作　　者　贾　崴　著
策划编辑　殷丽爽
责任编辑　殷丽爽
责任校对　周　鑫
装帧设计　王　斌
出版发行　吉林大学出版社
社　　址　长春市人民大街 4059 号
邮政编码　130021
发行电话　0431-89580028/29/21
网　　址　http: / www. jlup. com. cn
电子邮箱　jldxcbs@ sina. com
印　　刷　天津和萱印刷有限公司
开　　本　787mm × 1092mm　1/16
印　　张　11
字　　数　200 千字
版　　次　2022 年 5 月　第 1 版
印　　次　2022 年 5 月　第 1 次
书　　号　ISBN　978-7-5768-0171-2
定　　价　72. 00 元

版权所有　　翻印必究

前 言

随着城市不断发展，特别是当前我国城市发展正处在转型时期，对城市功能转变、城乡社会和谐、资源利用与环境保护都提出了挑战，对城市建设提出了更深入、全面的要求。城市规划建设既要满足人们的基本生活需求，又要满足人们的精神文明需求。一座具有发展潜力的城市，应为人们提供良好的生态环境、便利的生活服务和完善的基础设施。城市规划与城市设计在中国的城市规划建设事业中发挥了重要作用，其中城市规划涉及社会、经济、政治、科学和技术等相关知识，是一门综合性较强的学科；城市设计与城市规划关系紧密，并随着城市规划的发展不断产生新的理念。因此，在城市规划与设计不断发展进程中，对城市规划设计师也提出了更高的要求。规划设计师不仅要掌握现代城市规划的理论知识，还要根据社会发展进行城市规划设计工作，研究新的城市理念，利用新型科学技术进行城市规划设计，为现代城市的发展贡献自己的力量。城市规划设计成果作为城市建设和管理最直观的实施依据，也需要主动应对城市发展的新要求。因此，在城市规划理论的基础上，研究现代化城市规划设计具有重大意义。

本书共五章内容。第一章内容为城市规划理论，主要从四个方面进行了介绍，分别为城市概况、城市规划概述、城市总体规划、城市详细规划；第二章内容为现代城市设计，主要从三个方面进行了介绍，分别为城市设计概述、现代城市设计理念、现代城市设计方法；第三章内容为城市景观规划设计，主要从四个方面进行了介绍，分别为景观规划设计概述、景观规划设计要素、景观规划设计方法、城市景观类型及规划设计；第四章内容为现代化城市规划设计，主要从三个方面进行了介绍，分别为海绵城市规划设计、森林城市规划设计、旅游城市规划设计；第五章内容为城市规划的未来发展，主要从两个方面进行了介绍，分别为城市规划现状、城市规划的未来发展方向。

在撰写本书的过程中，作者得到了许多专家学者的帮助和指导，参考了大量的学术文献，在此表示真诚的感谢。本书内容系统全面，论述条理清晰、深入浅出，但由于作者水平有限，书中难免会有疏漏之处，希望广大同行及时指正。

作者

2021 年 12 月

目 录

第一章 城市规划理论

城市规划基础理论知识是在进行城市规划前必须要掌握的。本章内容为城市规划理论，主要从四个方面进行了介绍，分别为城市概况、城市规划概述、城市总体规划、城市详细规划。

第一节 城市概况

一、城市

城市，顾名思义是城与市的结合，它是针对农村而言的。城市是人类经济活动和社会活动发展到一定阶段而形成的高级聚落，它聚集了人类的经济、政治和文化等发展成果。城市是一个复杂系统，体现出人类社会活动与经济环境的对立统一关系。

城市是一个包含了多种功能的综合性空间，由各种要素构成，以人、机械、建筑、自然环境等为物质基础。机械、建筑、自然环境这些物质要素给予人们栖身之所，能满足人们的物质需求，但是其价值不止于此，同时具有丰富的审美含义，因其景观意象中所表达的内容可以使人感到满足与幸福，从而产生城市美。

这种城市美主要涉及三个方面的理论。首先是城市空间美理论，城市空间主要由建筑、街道、广场、公园等构成，其形式、颜色、质感、尺度等方面会使人们对其有一定印象，通过这些角度对景观元素进行美化，有助于提升人们对城市的整体印象。其次是城市时间美理论，可以分为城市的历史美及城市当下美。对于城市历史美来说，一座城市经过历史的沉淀，就会拥有一些历史文化遗产，这些遗产不仅是城市的物质文化，其蕴含的文化内涵更是城市及城市人民的精神财富，具有时间美。

二、城市化

（一）城市化的概念

城市化是指社会生产力的发展，是科学技术的发展及一个国家或地区的产业结构调整，它使社会从以农业为基础的传统农村社会转变为以工业、现代非农业和服务业为基础的现代城市社会。城市化的概念不同于人口统计学将城市化定义为将农村人口转变为城市人口的过程，而是从地理角度将农村或自然地区转变为地理区域的过程。

随着生产力的发展和科技的进步，城市数量逐渐增多，城市密度随之减小，逐渐演变为城市化的发展。城市化是生产力和科技进步的高级体现，随之带来的经济产业结构的变化使得以农业（第一产业）为主的传统乡村型社会逐渐向以工业（第二产业）和服务业（第三产业）等非农产业为主的现代城市型社会的转变。城市化也是一个多维的概念，它包含了人口、经济、地理和社会等方面的内容。从人口角度来说是指农村人口向城市人口转移，农业人口转变为非农业人口；从经济角度来说是指由于产业结构调整和技术的进步，农业经济向非农业经济转移并产生空间集聚；从空间角度来说是指城市规模不断增大，城市范围向外围扩展。从多维角度分析城市化定义和概念说明城市化是一个整体发展的过程，而不是特指某项人口或经济的指数。城市化与城镇化两者之间既有相同点又有不同点。有学者指出，城市化不仅强调农业劳动力向非农产业的转化，更强调农业人口向城市居民的转化；而城镇化则包括农村居民镇民化，鼓励“农民离土不离乡”“进厂不进城”“就地城镇化”乃至“返乡创业”，并安于“进城不落户”“迁徙不定居”的半城市化生活。由此表明，城市化的概念要比城镇化的概念更加广泛，其体现的城市发展水平也比城镇化发展水平高。但无论“城市化”还是“城镇化”，都是在对社会发展中农业人口向非农业人口转移这一现象的描述。

（二）城市化发展模式

城市化发展模式是对其进行评价和影响效应分析的基础。从全球范围来看，城市化发展虽然具有一定的共性特征，大致演进规律相似，但由于国情不同、发展基础差异及其他外界因素的影响，形成了不同的发展路径。因此，对城市化发展模式的研究有益于汲取经验、取长补短，制定适宜的发展策略。国内外学者的相关研究主要从城市化发展模式的划分标准、影响因素和区域差异等方面展开。城市化发展模式的划分标准具有多样性特征。首先，城市化与经济水平的关系是划分发展模式最为普遍的标准。根据二者之间发展水平对比，可分为同步型城市化、过渡型城市化和滞后型城市化，其中同步型城市化反映了二者之间协调共进的发展关系，是较为合理的发展模式。其次，城市的规模与结构成为区分发展模式的标准。根据城市规模等级的不同，将发展模式划分为大城市模式、小城镇模式和城乡统筹发展模式，分别强调了大城市的聚集效应、小城镇的推拉理论和统筹发展的均衡理论。最后，城市化的主导力量也是划分不同模式的重要依据。基于此，可分为市场化主导型和政府主导型两类模式，强调城市化发展中动力机制的区别。城市化发展模式的影响因素主要体现在地理区位、经济和政策等方面。首先，自然环境和地理区位是城市化发展的基础，良好的地形、水系和交通条件为城市化发展提供了基础支撑。其次，经济进步是城市化发展的动力，其通过提升技术水平、优化产业结构和工业集群化、规模化发展，形成更加强劲的推动力以加速城市化进程。最后，政策制度会对城市化模式的演变有所影响。一方面，政策可以在城市化发展初期对其发展方向进行合理引导；另一方面，政策也可以在现行城市化出现“冒进式”发展问题时，积极推进发展模式转型，实现科学发展。

城市化发展模式具有区域差异性特征，体现在全球、国家和区域层面。首先，全球层面，因发展基础和综合实力差距，不同国家城市化水平处于不同的阶段，需要根据现状合理选择分散式或集中式的发展模式。其次，国家层面，我国东部沿海地区经过长期的快速发展，已逐步进入城市化的优化提升期，而中西部地区由于区位限制还处于城市化的快速提升期。因此，需要因地制宜制定适合自身的发展模式。最后，区域层面，不同城市的土地承载力和功能定位有所不同，要对城市化的发展模式进行细化，最大程度地满足不同地区的发展需求。

（三）城市化影响效应

城市化推进给城市发展带来巨大影响。一方面，城市化发展可以带动经济社会建设，创建更好的生存环境，实现生活品质的提升；但另一方面，过快的城市化也会带来资源消耗、社会动荡等问题，给城市发展造成负面影响。因此，对城市化的影响效应进行分析，扬长避短，有益于实现城市的健康发展。国内外学者关于城市化影响效应的研究主要以生活方式、产业结构、社会保障、景观环境、自然资源等方面为切入点，分为正向和负向影响效应。正向影响效应是城市化发展的主旋律，应持续保持，以实现城市的长期健康发展。城市化推动农村人口向城市转移，居住条件得到改善，收入水平也随之提升，消费方式和消费结构得到优化。同时，城市化产生积极的集聚效应，人口集聚促进第三产业的发展和新市场的形成，产业集聚将进一步提高劳动生产效率、优化资源配置，二者共同促进了产业结构的合理化。并且，城市化发展对社会保障制度提出了更高的要求。城市化水平的提升要求社会保障措施具有公平性和可持续性，因而带动了各项公共服务配套设施的规划建设，同时也为其提供资金保障，进一步提升了城市公共服务质量与生活品质。

城市化的负向影响效应正逐渐显现，应及时止损，促进城市可持续发展。过快的城市化进程不仅加大了城乡收入水平的差距，而且影响了景观的多功能性。城市化发展原本是缩小城乡收入差距的重要方式，但当前城市化速度过快，发展质量较低，更多惠及的是城市区域的居民，导致城乡收入差距进一步加大；城市化的发展也会改变用地类型，增加建设用地面积，从而导致原有的自然景观环境遭到破坏，景观多样性有所较低，需进一步协调发展。同时，城市化的快速发展给自然资源带来了一定的危机。过分强调城市化的建设需求使得优质耕地流失、自然资源消耗，带来了粮食安全和资源短缺、气候变化等一系列问题，亟需和谐共进的发展模式。

三、城市化建设

（一）城市化建设的概念

对于城市化建设的定义很多，最具代表性的是在 1987 年世界环境与发展委员会会议上发表的报告中指出的城市化建设的概念，表明城市化建设是既能满足当代人的需求，又不对后代人满足其需求的能力构成危害的发展。它们是一个不可分割的整体，既要兼顾经济的发展和当代人对于自然和资源的生存的依赖，又要考虑到子孙后代的发展和繁衍。环境保护是城市化建设的重点和关键。城市化建设的最终目的是发展，但要求在可持续的前提下进行发展，可持续就要求经济、社会、土地、环境等各方面的共同协调发展。既要控制社会人口的快速增长，又要提高人口素质，加强对环境资源的重复利用和节约保护，使得人们的经济和社会活动秉承城市化建设理念，达到可持续长久的发展，使子孙后代能够永续发展和安居乐业。城市化建设涉及的方面比较多，包括经济、社会、土地、环境等多方面。

（二）城市化建设的原则

公平性、持续性和共同性三方面是城市化建设的三大原则。其具体含义如下。

（1）公平性原则是指人类各代同处地球，我们每个人都拥有对地球上自然资源和社会财富的享用权，每个人都有同等的生存权，鉴于此，城市化建设理念提倡消除贫困，实现共同富裕。

（2）持续性原则是指人类的经济和社会活动要与自然资源的承载力相符合，即经济社会活动与自然共同发展、协调发展。在满足我们人类发展需求的同时采取有效的制约措施使自然资源得到合理有效的使用。因此，持续性原则强调的是发展具有长久性，在不破坏自然规律和生态平衡的前提下，兼顾人类眼前利益和未来利益。

（3）共同性原则是指由于每个国家的经济发展和制度不一样，国情必然不同，但即便如此前面所述的公平性和持续性原则对于每个国家都是适用的，这就要求每个国家在发展过程中要根据自身情况，具体问题具体分析来不断探索出城市化建设的新途径。结合人类局部和整体利益，朝着可持续的发展方向共同努力。

（三）城市建设思想的发展

在中世纪王权的黑暗统治下，各阶层、各利益主体之间存在大量的矛盾与冲突，导致城市建设的思想也一直处于停滞状态。而过分追求君权统治与几何图案的城市建设却存在着诸多弊端。从近代城市建设的角度来看，为了体现君权统治与几何图案的城市建设背离了因地制宜的城市建设原则。近代的诸多城市大兴土木，严重破坏了生态环境且工程量巨大。除此之外，在这两种思想的影响下，城市建设存在大量不合理的地方。如功能混杂、布局混乱等问题。另外，近代城市建设中，几乎没有考虑到除统治者之外的城市居民的体验与感受。在城市建设期间，市民才是主体。

当文艺复兴的曙光照亮中世纪的黑暗时，城市建设的思潮纷纷涌现。在文艺复兴时期，创造的美学思潮不仅表现在艺术、哲学方面，也表现在社会、制度方面。在文艺复兴时期的美学艺术思潮的影响下，出现了较多的关于城市规划的理论与思考。几个著名的理想城市模型无不是以追求几何造型为准则去思考城市建设的，这种城市建设的思路虽然依旧延续了以往的理论，但也在一定程度上做出了革新。

在绝对军权时期，为了彰显君王的功绩，出现了大量的园林、广场等场所，城市建设工作中，都体现了“王权至上”“唯理主义思想”，他们坚持人定胜天的理论。但是，随着不断的发展，城市建设工作中更加倡导人工美学超过自然的美，其中法国巴黎的凡尔赛宫则是根据这一思想而进行城市建设的高潮。直到欧文、傅里叶提出“乌托邦”这一概念，城市的建设者才把目光由彰显王权统治与几何构图式的建设手法转向以人本主义为主导的城市建设。

（四）城市化建设相关理论

1. 系统协调性理论

系统论是一个科学名词，它是指研究系统的结构、特点、行为、动态、原则、规律及系统之间的联系，基本思想是把研究和处理的对象看作一个整体系统来对待。系统论的主要任务就是以系统为对象，从整体出发来研究系统整体和组成系统整体各要素的相互关系，从本质上说明其结构、功能、行为和动态，以把握系统整体，达到最优的目标。路德维希·冯·贝塔朗菲（Ludwig Von Bertalanffy）曾强调，一个完整的系统并不是由各部分随机的加减形成，需要各部分之间相互协作形成一个有机的整体，整体性的优势体现在各部分在孤立状态下不能达到有机整体的效果和作用。

而协调的本意是指“搭配得当”，指是两种或者两种以上的系统之间的一种良性的相互关系，它围绕着系统目标对系统中各种活动的相互联系加以调节，使这些活动有机地结合在一起，减少矛盾，促使系统目标的实现，协调度即度量系统或要素之间协调状况好坏程度的定量指标。简单来说，协调的目的是达成目标的实现，但是目标实现的前提是一个组织内有良好的条件和环境，即组织内外协调，这样才能为达到目标提供基础和条件。

系统协调发展应用到城市发展中，就是指在城市建设与发展过程中，城市的整体发展是一个系统，要想实现系统协调性发展即城市系统的城市化建设，必须使各方面达到高度统一。城市的发展不仅仅体现在经济的发展上，它与社会、人口、土地、资源、环境等构成了一个有机的系统，实现这个系统协调性的发展是实现城市化建设的关键。根据系统协调性理论将城市发展看成一个系统，其人口、社会、土地是城市发展的子系统，城市化建设水平研究就是探寻这三者之间在相互影响和相互作用中如何均衡从而达到系统的整体发展的。

2. 最优城市规模理论

一个城市规模体现在人口、土地、经济等方面。由于人口数据更易获得，所以一般用人口规模来说明城市规模，但除此以外最优城市规模还应该体现在人口的流动和城市空间扩展与优化两方面。

每一个城市的发展都有它特定的规模，即最优规模。二十世纪五六十年代以来，西方发达国家城市化的快速发展，极大促进了区域经济的发展，城市的规模不断扩大，城市土地的扩张和滥用，使得专家学者开始关注城市发展过程中应该考虑的最优规模，即最优城市规模理论。最优城市规模理论侧重人口集聚的研究，该理论认为人口的移动不会影响其他人的现状，即是一种理想状态。不同视角下的最优城市规模理论侧重点不同，国内学者大多借鉴西方国家最优城市规模理论，再结合我国自身实际情况和国情，进行具体的研究和探讨。关于最优城市规模理论的研究方法有很多，成本收益法和经验研究法是研究最优城市规模理论常用的两种方法。成本收益法的研究思路比较简单，该方法认为成本和收益变化可以确定最优的城市规模，然后通过城市规模的变化来反映成本和收益变化即可。以这种方法可以得到 6 种城市规模，即最小城市规模、最低成本城市规模、人均净收益最大的城市规模、平均收益最大的城市规模、最优城市规模和平均收益大于平均成本的最优城市规模。经验研究法主要依靠前人的研究结论，虽然这些结论可能存在缺陷和不足，但是它却证实了城市化和地方化经济的存在，平均区位成本和平均区位收益的 U 型关系及最佳城市规模存在的可能性。随着经济和社会的发展，1990 年以来，欧洲一些城市的变动促使最优城市规模理论的研究重心由城市规模和城市经济之间的关系逐渐转移到城市规模和城市环境质量中，随即出现了最新的研究方法即城市环境法，它是以最低的社会成本促使城市在物质形态上的扩大。城市环境法的研究表明，城市规模的扩大与更高级的城市功能、更多的网络联系共同解释了城市存在的较强的集聚经济。城市规模不可避免地影响区位成本和收益，城市规模的影响确实存在，也很重要。然而，城市生产的专业化水平及与其他城市的联系也会影响区位成本和收益，因此，城市经济的发展不仅仅要确定最优城市规模，城市功能的递进、城市体系中城市间的合作方式都是值得探讨的问题。

四、城市化进程中城市空间的扩张

人地和谐是建设美丽中国的理论基础，建立和谐的人地关系对于城市健康发展具有重要意义。城市化通常是指城市外围的人口向城市集中及城市周边非建设用地转换为建设用地的过程，而城市空间扩张则主要指支撑经济社会发展需要的城市用地不断向外增长的动态过程，二者共为城市发展的重要环节，是促进人地和谐发展的重要途径。因此，对于城市化进程中城市空间扩张相关问题的研究便成了国内外学者关注的热点。20 世纪 50 年代到 60 年代，由于经济等因素的限制，我国的城市扩张较为缓慢；1978 年实施改革开放以来，粗放式的发展成为主旋律，城市空间大肆扩张；进入21世纪的第二个10年以来，为有效改善快速扩张带来的问题，集约式的转型发展成为城市扩张的主流思想。

（一）城市扩张的定义

广义上所说的城市空间扩张是指城市建成区面积的不断扩大，由于城市空间扩张是随着经济的增长及人口迁入城市而形成的城市发展的必然现象。狭义上城市空间扩张是一种多维的现象，需要从多视角、多变量的角度进行描述。如今，城市空间扩张关注城市范围的发展情况，所以其本质是城市随着城市人口、经济等增长而出现的用地面积与空间范围的扩张。

（二）城市扩张的影响

为满足快速城市化所带来的人口、经济和社会等多方面的需求，城市空间大幅扩张，无序蔓延的现象逐渐显现，对城市可持续发展造成了不利影响。因此，在城市化的快速发展背景下，城市空间扩张效应研究成为关注的热点，总体可归纳为对生态环境、土地资源和社会发展三个方面的影响。基于此，针对所存在问题的应对之策的研究也随之展开。

城市空间的快速扩张一定程度上对生态环境造成了不利影响。随着无序蔓延现象的增多，城市热岛效应、生态质量下降、自然景观格局被破坏等问题逐渐显现。首先，城市土地利用的变化对于地表温度有明显影响，而城市化的发展与城市空间的扩张使得城市下垫面由自然植被转为硬化地面，打破了原有的热量平衡，城市出现了中心城区气温高于郊区的热岛效应，有研究证明30年间城市中心平均气温可增长2~3℃，这会对人的健康带来极大的影响。其次，城市的快速扩张导致生态资源和环境空间受到挤压，在结构上加剧了生态环境破碎化的程度，其物质代谢直接降低了生态环境的质量。生物多样性的直接或间接丧失及生态系统服务的退化已成为区域生态安全的重要威胁。此外，城市扩张过程中将大量自然景观变为城市景观，人类的干扰程度持续增强，景观格局的破碎化进一步加剧，且城市区域的景观效果趋于同质化，不利于生态环境保护。

城市空间的扩张对土地资源具有较大影响，其侵占了现状耕地空间、造成了土地的闲置浪费。一方面，城镇建设用地的增加主要来自城市周边的农用地，而通常情况下城市的郊区附近大多是土壤肥沃、生产力高的耕地。城市扩张不可避免地造成优质耕地的流失，这将导致城市扩张与耕地保护之间的矛盾。自1978年改革开放以来，我国城市快速扩张，新增建成区面积中约60％是由农田转换而来，导致大量农田损失，并给粮食安全带来威胁。另一方面，盲目追求空间扩张，造成了大量的土地闲置与浪费现象。例如，大量的开发区、工业园区和大学城建设所引起的城市扩张，土地资源过度消耗，表现为低密度无序的城市蔓延，土地利用效率低，外延增长突出，内部空间结构失衡且交通拥堵，造成了郊区社区气氛不足及旧城中心的衰落等问题，成为制约城市可持续发展的重要因素，城市空间扩张过快而缺乏必要的人口及经济社会活力，更有可能导致“鬼城”的出现。

城市空间的快速扩张还对社会安定造成了一定影响，主要体现在进城农民的生计问题和低收入群体通勤出行两方面。城市扩张使得部分农用地转换为了城市用地，原本聚居于此的农民的生产方式被改变，被迫涌入城市，但过快的转变给其生活带来了诸多困难，生计得不到保障，严重影响了社会的稳定，形成了城市贫民窟现象，并增加了城市治理成本。如何在空间扩张的同时，建立健全的征地补偿机制和增强农民的参与度是现阶段的重要工作。此外，城市扩张促使城市功能的分区进一步明确，职住分离现象更加明显，出行距离也随之增大，但多数城市边缘区的公共交通及配套通行条件仍需完善，因此低收入群体出行成本仍维持在较高的水平，承受着城市负外部性所带来的后果，势必会影响社会的长期稳定发展。

存量规划思想下城市空间模式转型发展成为应对之策。当前我国城市化水平约为 60 %，增长速度趋缓，加之城市的蔓延式发展和空间失控现象，由“增量扩张”向“存量挖潜”的转型发展成为现阶段城市空间扩张问题的解决方案。“存量挖潜”理念下城市更新与空间治理的研究逐渐展开，但“存量挖潜”也暴露出空间承载力突破极限、安全风险增多等问题。因此，也有观点认为城市空间应持续扩张或建立存量优化提升与增量智慧增长的双轨目标体系，并提出通过经济水平、城市性质、人口规模等多因素分析确定适合城市自身的空间发展模式。

（三）城市扩张的模式

城市扩张模式是指城市空间扩张的主要特征，其划分类型和界定的方式众多，其划分的依据主要是根据城市空间扩张的几何形态和主导因素。城市扩张模式划分的类型主要有：一中心式、多组团式、三轴向式、蔓延式、连片式、分片式、飞地式、轴向式、单核式、多核式、廊道式、散步式、填充式、外延式、卫星城式等。可以发现，虽然城市扩张模式的分类各不相同，但主要是描述城市空间扩张的形态。

（四）城市扩张的路径

伴随着城市化进程，城市空间持续扩张成为全球城市发展的共同特征。但由于发展基础、现实条件及城市化程度的差异，城市空间扩张出现了多种模式。为厘清不同扩张模式之间的特征及差异，从而为城市选择适宜的发展路径，相关研究大量展开。城市化进程中城市空间扩张路径的分析主要从扩张格局、扩张类型和扩张方向等三个划分依据展开。

城市化进程的城市空间扩张格局主要有紧密和分散两种形式，决定着扩张模式的发展方向。一方面，紧凑型的扩张格局通常以现有城市建设用地为核心，对周边地区进行合理开发而带动空间扩张，例如同心圆模式。该类型模式可以有效缓解城市密度的下降，保证城市活力，多适合正处于城市化发展前期阶段的城市，可有效带动其合理发展。另一方面，分散型的扩张格局则通常是在现有建设用地范围外单独选取多处可用土地，以组团形式开展空间扩张，例如卫星城等模式。该类型有利于疏解人口，形成多中心模式，多适用于城市化成熟阶段的大城市。此外，也应该看到的是，紧凑和分散的扩张格局并非绝对对立，还应充分结合二者的优势，实现健康发展。

城市化进程的城市空间扩张类型主要分为填充式、边缘式和飞地式三类，是扩张模式研究的核心内容。一方面，就定义而言，填充式主要指在现有建成区内部，针对闲置地块或非建设用地的开发；边缘式则是在现有城区的边缘继续向外拓展城市空间；飞地式则是指在远离现有城区的位置重新进行城市建设，以实现空间扩张。另一方面，就具体实现形式而言，填充式主要通过用地功能置换和城中村的社区化改造加以实现；边缘式多指将现有城区周边的耕地等非建设用地转换为建设用地的方式，例如沿交通轴线向外扩张；飞地式则主要通过建设城市新区或产业园区的形式实现，需要合理解决与主城区的通勤问题。总体而言，边缘式扩张是全球城市化进程中较为核心的空间扩张类型，而飞地式扩张则为城市发展后期的主要模式；而对于城市群而言，成熟型城市群多采用填充式和边缘式扩张，成长型城市群多采用边缘式扩张，而培育型城市群多采用边缘式和飞地式扩张。

城市化进程的城市空间扩张方向主要分为垂直和水平两个方向，是较为新颖的研究视角。一方面，水平方向的空间扩张即为二维地域空间规模的增加，即传统意义上的空间扩张，主要通过沿线建设和新区开发等方式加以实现。沿线扩张为比较传统的扩张模式，指沿交通走线将城市边缘区转化为城市建设用地。新区开发则是指根据城市发展的需要，在现有建设用地范围外选择合适的位置开发新的用地，是城市化发展相对成熟后较为适应的扩张方式，可以有效解决城市周边缺乏扩张条件的问题，为大城市后期的合理发展提供了科学的路径。另一方面，随着科学技术的进步，城市建设技术水平也随之增强，针对早期建设的老城区中所存在的居住环境较差、设施配置不全、出行困难等问题，城市垂直空间要素聚集功能的增强也成为重要的模式，一般通过挖填改造提高土地利用强度、加强公服设施建设等形式加以实现。当今随着二维空间的扩张逐渐达到饱和，垂直方向的扩张将成为城市扩张的重要组成部分。

第二节 城市规划概述

一、城市规划的概念

“规划”是行政法上的一个开放性概念，可以赋予其不同的法律意义和拘束力，无论是《中华人民共和国城乡规划法》（以下简称《城乡规划法》）还是国土空间规划相关政策文件中都没有明确给出城市规划的法律定义，无法用一个统一的概念来涵盖各种城市规划。

从语义学的角度而言，城市规划的上位概念“规划”一词具有动态过程和静态结果的双重属性。在行政法学中，“行政规划”一词也具有动态过程与静态结果的双重性。国内学者对“行政规划”一词的定义往往从动态和静态两个角度出发。动态意义上，行政规划是一种为了实现特定行政目标做出一系列安排和筹划的动态过程，具有广阔的形成性自由。静态意义上，行政规划被视为规划行为的结果，行政规划是现代社会治理和行政管理的制度工具，是行政主体做出具体行政行为的法定依据。学界通说根据行政规划的法律拘束力差异，将行政规划分为拘束性规划、资讯性规划、影响性规划三种。其中，拘束性规划对外直接产生法律拘束力，具有规制引导其他行为的准立法属性。咨讯性规划是指行政机关提供判断、预测等信息，仅作为参考和建议，不具有法律拘束力。影响性规划介于资讯性规划和拘束性规划之间，不具有拘束力，但是具有一定诱导性。

行政规划类型繁多，经济、社会发展、生态文明建设等各个领域都存在行政规划，但只有城市规划被全国统一的立法《城乡规划法》调整，城市规划是行政规划中最具有典型性且应用最为广泛的一种。城市规划学科对城市规划的主流定义是：城市规划是城市在一定时期内的发展目标与计划，是城市建设的综合部署和管理依据。国土空间规划体系改革前，城市规划以建设用地用途管制为主要内容，对城市发展和城市建设用地实行刚性控制，现今城市规划向空间规划转型，已经不再局限于对于建设用地用途的管制，而是面向整个城市立体空间的综合利用、保护、修复。因此，对于“城市规划”概念的理解和解释，需要结合我国正在进行的国土空间规划体系改革及生态文明建设的新形势，不宜过分强调其历史含义。动态意义上，城市规划是由行政主体主导，综合各方力量和各种手段对一定时期内城市空间发展秩序，空间的利用、保护、修复等问题进行综合性安排，对以空间为客体的权利进行分配和再分配的行政过程；静态意义上，城市规划是对城市空间发展秩序，空间的利用、保护、修复进行规制的行政规范性文件，是城市规划许可和做出城市空间利用行为的法律依据。

二、现代城市规划理论

（一）现代城市规划理论的发展

近代城市建设者的初衷是“筑城以卫君，造郭以守民”。纵观历史能够看出，从雅典卫城建设开始，城市建设就已经体现出“统治者至上”的思想，且影响了无数城市建设。由于希腊人对于数学及星宿的热衷，以几何图案的造城手法普遍被建筑师接受。

城市规划这一理论的设想最初是由傅里叶、欧文提出，并作为社会空想主义逐步进入研究人员的视野。对于空想社会主义而言，其核心是建立一个理想社会，在这一理想社会中没有阶级压迫、剥削，也没有资本主义弊端。城市规划理论第一次从城市社会经济发展的角度进行尝试，而不是单纯地从建筑美学等角度，是城市规划思想理论的渊源。而英国社会活动家埃比尼泽·霍华德（Ebenezer Howard）结合当时的实际情况，在其著作中提出，城市规划的最终目的应该是设计出城市与乡村优点兼具的理想城市模型，使市民以生活在这个城市中为荣并乐在其中。这种城市发展建设模式被他称为“田园城市”。田园城市是为兼顾康体、宜居，使市民生产生活得到最大满足的城市，它的规模足以容纳居民的各种丰富的社会生活需求。“田园城市”核心思想是把城市作为一个整体进行研究，联系城市与乡村的关系，提出适应现代化工业的城市规划问题，对城市环境承载力、城市经济发展、人口规模及城市美化等相关问题提出了独到的见解，同时对城市规划学科建立、城市规划理论、城市规划建设起到了重要的启蒙作用。

（二）现代城市规划理论带来的影响

1. 城市化方面

城市是一个非农业人口和非农业产业的地区，城市有其独特的生活和社会组织特征。城市仅占地球表面的一小部分，但人口和社会经济活动却非常集中，这是人类和精神财富产生并传播的中心。城市同时具有严格的组织结构，促进城市发展的因素很多，来自自然、社会、政治、经济、文化、工程等各个方面，因此城市中的所有环节都需要共同发展。现代城市规划理论就是为了引导城市，使得城市可以承担大量物质和精神财富的聚集，同时现代城市规划理论是历史发展的产物，有客观规律。人们对城市发展进程并非束手无策，人类控制城市发展进程的重要手段之一就是城市规划。这些现代城市规划理论在探索城市发展的客观规律、合理利用城市规划和其他监管措施、指导城市的合理发展的方面产生了重要的影响。

2. 我国城市方面

我国的现代城市规划继承了我国古代城市规划的概念，并利用了国外城市规划的经验。我国的城市规划体系正在逐步形成和完善，并且现代城市规划理论已在我国的实际城市规划过程中得到了广泛的应用。随着社会的发展，相关理论也在稳步发展，我国应用城市规划理论中最常用的理论都与概念规划有关，与以前的规划方法相比，这种规划方法更加注重创新，对我国更加科学合理的城市规划实施产生的影响更大。概念规划通过简单的图表和文字反映了设计师的想法。对于规划的具体实施，概念规划的主观性和客观性均较弱，仅包含可应用于规划的主要结构和主要规划内容。

三、我国城市规划的历史沿革

（一）萌芽阶段（1949 年以前）

现代城市规划的思想是随着现代工业社会而产生和发展的。中国真正进入工业化是在 1949 年以后，在此之前，老一批资本主义国家的城市规划思想已经逐渐成熟。20 世纪初期至中期，我国只有少数城市做过城市规划。当时有相当一部分的城市规划都是由外国人承担和主持，只有少部分交由国内专家开展。第二次世界大战至中华人民共和国成立这段时间是我国城市规划和管理的快速发展时期，这是由于一批专家留学回国，带来了“邻里单位”“有机疏散”等先进的西方规划理论，并将这些理论付诸具体实践与操作，如北京、上海、南京等一些大城市都有过较为系统的城市规划，但由于种种条件的局限，规划实施的效果都不理想，主要原因在于其理论基本是建立在欧美这些国家的实际情况基础之上的，较难实现中国化。

（二）起步阶段（1949 年—1978 年）

我国的城市规划真正开始发展是在中华人民共和国成立以后。在这一时期，实行计划经济体制，重点是由国家投资，进行了大规模的工业建设，城市规划的重点内容是建设新工业城市。当时，城市规划工作被当成设计性质的工作，是“被动式”的工作。

（三）发展阶段（1978 年—1990 年）

1978 年以后，实行改革开放，以经济建设为中心，给我国城市的发展带来了机遇，规划任务开始日益增加，城市规划迅速发展。这一时期城市规划随着时代的变迁从计划经济时期的以设计为主，向多个方面拓展。主要有三个方面。

（1）城市研究。针对市场经济体制下城市发展所面临的机遇和挑战，研究城市发展的战略，确定城市发展的目标。

（2）提出适当的规划方案。对各种城市问题研究之后，提出以目标为导向的规划大纲来指导规划方案的编制。

（3）城市设计。进行了大量的城市规划实践活动，其数量之巨前所未有。

（四）现代化阶段（1990 年至今）

1989 年末，我国颁布了《城市规划法》，这是我国城市规划和管理迈入现代化的重要一步，也是我国城市建设活动纳入法治轨道的标志。此外，新的规划理论、各种规划技术都如雨后春笋般涌现出来，为我国城市规划与管理的发展奠定了良好的基础。当然也应该看到，目前我国的城市管理的现代化程度还不高，一方面是由于法治观念不强，规划管理过程中随意性较强，受人为主观因素的影响较大；另一方面，先进理念与技术也存在中国化与本土化的问题。

四、城市规划的法律性质

《中共中央 国务院关于建立国土空间规划体系并监督实施的若干意见》（以下简称《若干意见》）将我国国土空间规划分为“五级三类”。城市层面的国土空间规划包括总体规划、详细规划、相关的专项规划三类。不同层级的城市规划调整的范围不同，拘束力也不同，所需的公众参与程度和制度设计也不同，因此有必要对不同层次的规划法律性质进行分类讨论。在我国行政行为“具体—抽象”的二分框架下，城市规划行政行为的法律性质是具体行政行为还是抽象行政行为具有法律上的诸多意义，一般认为其对是否能够进入行政诉讼受案范围有决定性意义。

第一，关于总体规划的法律性质。理论界和实务界关于总体规划的抽象行政行为法律性质已经取得较为普遍的共识。参与主体方面，总体规划的调整范围是整个城市的国土空间，利益相关主体较多，利益格局复杂，因此对于总体规划的参与主体宜作宽泛界定，允许市民、专家、媒体等主体参与到城市规划中来，在集思广益的基础上作出规划决策。参与程度方面，公众能够参与规划的程度取决于规划审批权限的配置和审批时限。《若干意见》中明确规定总体规划的审批主体是国务院或省级政府，总体规划的审批权限向上回收，意味着公众只能在总体规划的制定过程中参与，难以参与到规划审批中。参与救济方面，受限于总体规划的抽象行政行为法律性质，如果总体规划侵权，利益关系人不能直接针对总体规划提起行政诉讼，有必要构建行政内部救济路径。

第二，关于详细规划的法律性质。实务界和理论界均对详细规划的法律性质存在一些分歧。司法实践中，我国各地法院大多将详细规划认定为具有普遍约束力的抽象行政行为，并以此为由将其排除在行政诉讼的大门之外。当然，也有少数判例认为控制性详细规划在对特定相对人的权利与义务产生实际影响时具有具体行政行为的性质。理论界对于详细规划的性质也存在一定争议：一部分学者认为详细规划属于具体行政行为，另一部分学者则认为详细规划由于不涉及具体的权利义务分配，以及可以在规划区域内反复适用，因此可以将其归入抽象行政行为的范畴。

第三，关于专项规划的性质。专项规划种类繁多而复杂，学界鲜有研究专门针对专项规划的法律性质进行讨论。对于专项规划的法律定位，可以参照详细规划，若专项规划对规划区内利益相关主体产生直接限制和影响，也应当将其视为具体行政行为，允许对其提起行政诉讼。

由上文的分析可知，由于城市规划具有特殊、复杂的法律性质，目前为止在我国“行政—司法”二分的框架下，司法权难以介入规划的编制和审批过程对其进行监督和审查。因此，我们有必要将目光转向城市规划行政过程中，通过建立完善的公众参与程序从行政系统内部对规划权的运行进行过程性控制，从而打破规划决策的封闭性，从根本上减少规划侵权的发生，促进规划决策的合法性、合理性、民主性。

总体而言，不同层级和类型的城市规划具有不同的法律性质，不能一概而论。不论理论上或司法裁判中如何认定其法律性质，只要城市规划的编制或修改会影响到公民的权利，公民则有权参与到城市规划过程中来，发表利益诉求，当公民的参与权或其他权利受到侵害时，应当获得权利救济。对于作为具体行政行为的城市规划，应当允许通过行政诉讼的方式救济，对于作为抽象行政行为的城市规划，可以构建行政内部救济途径以实现权利的救济。

第三节 城市总体规划

一、城市总体规划概述

（一）城市总体规划的概念

城市总体规划是城市政府根据城市经济、社会、文化、自然资源、历史遗存等特定基础条件，结合一定历史时期内城市面临的主要发展优势和劣势、瓶颈和机遇，所制定的关于城市建设用地和非建设用地的综合部署和具体安排。其中主要包括土地利用、城乡空间发展格局、城市交通、市政基础设施、历史文化保护、生态环境保护等各方面内容。经批准的城市总体规划是城市建设和管理的法定依据，也体现了一定时期内城市国民经济发展目标和愿景。各国的城市总体规划体系有所不同，基本分为战略性规划和实施性规划两个层面。

（二）城市总体规划研究概况

城市规划体系是在 20 世纪 50 年代初期随着国家大规模建设而发展起来的。我国总体规划主要经历四轮编制过程，而 20 世纪 80 年代以后的几轮规划编制与现行城乡总体规划联系最为密切，总体规划发展阶段也大致可以分为 20 世纪 80 年代全面恢复时期、20 世纪 90 年代继承和发展时期、进入 21 世纪后的创新时期。目前城市总体规划已经具有较为成熟的规划编制体系和规划编制方法。

城市总体规划一直是我国学术界研究的重点，土地利用问题是城市规划领域理论和实践的核心问题。在理论上，城市规划学科先后引入生态学、生物学、经济学、社会学、政治经济学等多学科知识，从土地利用的形态、特点、成因等方面进行了深入的分析，为城市规划奠定了扎实的理论基础。

目前，城市总体规划研究主要集中在八个领域中，最突出的是建筑科学与工程领域，其次是宏观经济管理与可持续发展领域。在环境科学与资源利用、经济体制改革、公路与水路运输、农业经济、国内政治与国际政治、工业经济等领域也有相应研究。

（三）城市总体规划编制方法

2005 年颁布的《城市规划编制办法》和 2007 年颁布的《城市规划法》相对于原有的《城市规划编制办法》和《城市规划法》，对总体规划编制的思路和方法有了新的要求。由此，学术界在规划制定的基础、规划编制的内容、规划调控和管理范围、规划编制的组织方式等方面进行了深入研究并提出了新的规划思路。从规划编制的前提上来看，从确定增长规模为发展目标转向注重控制环境容量和确定科学的建设标准；从规划编制的内容上来看，从重点确定开发建设项目和用地安排转向各类资源的有效保护和空间管制；从规划功能上来看，从技术文件向公共政策转变；从规划调控和管理范围上来看，从局限于城市规划区以内中心城市范围，扩展到整个行政区域城乡用地，强调区域统筹和城乡统筹；从规划编制的组织方式上来看，从单一政府行政主管部门组织编制，转变为公众参与基础上的政府、专家、相关部门、社会团体和公民共同协作完成。

（四）城市总体规划编制的内容

根据《城市规划编制办法》，我国的城市总体规划编制主要包括城市规划纲要和城市总体规划两个阶段。一般来讲，城市总体规划纲要主要是初步确定城市发展的宏观战略性问题，确定城市发展的原则、策略、目标等；城市总体规划依据经审查的规划纲要进行规划用地的具体落实。其中包括确定城市性质、职能、发展目标及发展规模、空间管制区划、城乡建设用地规划等核心问题，以及公共设施用地、绿地系统、道路交通用地等支撑体系。总体规划期限通常为 20 年。

近年来我国总体规划编制程序在科学性和整体性上有了较大的进展，但是在具体方案构思的操作上普遍还是“重建设，轻保护”，规划方法上通常还是先预测近中远期城镇人口及常住人口规模，根据国家人均用地指标推算城市建设用地规模，确定建设用地范围及用地空间布局，完善各支撑体系，最后建立实施导则及相关内容。建设用地的规模大小和如何使用始终是城市总规中最关心的内容。

（五）城市总体规划编制的发展历程

1. 起步阶段（1949 年—1978 年）

城市总体规划起步探索阶段是在 1949 年—1978 年，处于计划经济时期。党的工作重心由乡村移到了城市，将消费的城市变为生产的城市。这一时期的规划是计划经济的产物，主要采用了苏联模式，通过政府组织建筑和工程专业编制城市总体规划以落实国民经济计划。城市总规的内容主要包括：总体布局规划、近期建设规划和专项规划。其中专项规划又分为城市道路规划、对外交通规划、园林绿化规划、公共服务设施规划、电力电信规划、给水排水规划等。在总体规划编制中重点考虑了三方面问题：一是大中型工业建设项目在城市中的合理选址；二是城市功能分区；三是城市交通及基础设施建设。

2. 恢复阶段（1978 年—1995 年）

城市土地制度的改革促使我国城市规划编制思想和方法产生了突破。1980 年全国城市规划工作会议首先提出土地有偿使用的建议，1989 年修改宪法允许土地使用权有偿转让。1984 年通过的《中共中央关于经济体制改革的决定》明确要求："城市政府应该集中力量做好城市的规划、建设和管理。"确定城市发展方针是"控制大城市规模，合理发展中等城市，积极发展小城市"[①]。

在 1983 年进入城市总体规划编制高潮，规划期限到 1995 年，有的到 2000 年。总规的编制依然受计划经济体制的影响，但强调了规划和区域经济对城市社会经济发展计划的参与，不论是规划的广度还是深度均突破了原有规划。本轮规划研究的问题包括：城市性质、城市规模、城市发展方向和空间结构，强调城市功能分区的合理性，还研究了城市旧城改造规划、基础设施规划和环境保护规划等内容。此阶段规划管理范围局限在规划区以内，并以城市为主体，城市规划注重对城市人口及用地规模的控制。专项规划涉及的范围得到拓展，增加了城镇体系规划和经济社会综合分析等内容。规划实施和规划管理得到进一步深化，将分区规划提上日程。

3. 发展阶段（1995 年—2000 年）

1989 年《城市规划法》的颁布标志着中国的城市规划开始以法治化建设保障规划运行。1992 年我国确立了社会主义市场经济体制，并提出城市规划将不完全是计划的继续和具体化，应适应市场经济运行的规律。市场经济推行期间，部分观点认为总体规划所具有的宏观调控性阻碍经济发展。在经历了一连串市场经济

① 中国共产党第十二届中央委员会第三次全体会议一九八四年十月二十日通过.

盲目性所带来的不良后果之后，总体规划的调控性作用又得到重视。1996 年国务院《关于加强城市规划工作的通知》指出城市建设和发展对建立社会主义市场经济体制，促进经济和社会协调发展关系重大，要切实发挥城市规划对城市土地及空间资源的调控作用。2000 年，国务院办公厅《关于加强和改进城乡规划工作的通知》进一步明确城乡规划是政府指导和调控城乡建设和发展的基本手段，是关系我国社会主义现代化建设事业全局的重要工作。

根据市场经济发展要求，在《城市规划法》指导下开展了总体规划修编。城市建设方针确定为严格控制大城市规模，合理发展中等城市和小城市，促进生产力和人口的合理布局。本轮规划继承和延续了 20 世纪 80 年代的编制方法、规划功能、管理体制等做法。坚持社会经济环境的可持续发展原则，以管理的现代化为目标，加快各地区城市化进程。规划增加了编制城市总体规划纲要、城镇体系规划、分区规划的内容。在规划工作中强调了城市整体发展、区域协调发展，城市生态环境、历史文化遗产和风景名胜资源的保护等问题。加强了城市综合交通体系规划、各类开发区规划、历史文化保护规划、地下空间开发利用规划，以及城市远景规划等专项规划的编制。还有部分城市编制了城市特色规划、城市形象规划、旅游规划等专项。对规划编制理念、方法和规划管理方式等的创新进行了有益的探索。

4. 创新改革阶段（2000 年—2020 年）

该阶段规划确定的目标期限是到 2020 年，到 2011 年绝大多数城市已经完成了总体规划的修编工作。这一轮规划是实现现代化建设第三步战略目标必经的承上启下的发展阶段，也是完善社会主义市场经济体制和扩大对外开放的关键阶段，转型成为我国社会经济相当一段时间内的重要特征与标志。

该阶段规划修编强调了城市总体规划作为指导城市发展的公共政策，具有全局性、综合性、战略性，在修编中不仅要重视经济增长指标，而且要重视人文指标、资源指标、环境指标和社会发展指标。从确定增长规模为发展目标转向注重控制合理的环境容量和制定科学的建设标准。规划编制的内容转向对各类资源的有效保护和空间管制，研究解决影响城市当前和长远发展的突出问题，包括：土地、水、能源、环境制约问题，城乡统筹协调发展问题，构建社会主义和谐社会、促进社会发展和解决民生问题，历史文化保护与城市发展问题。从功能上体现了从技术文件走向公共政策的转变。规划编制的组织方式从行政手段为主转向了依法行事、社会监督、公众参与的方式。

二、土地利用总体规划

（一）土地利用总体规划的含义

城市在协调经济发展、人口发展和环境发展时，土地资源有着主导作用。在城市建设推进期间，合理利用土地，实现土地资源可持续发展，对提升城市建设质量，满足城市建设需求，实现城市经济发展意义重大。在我国城镇化建设浪潮下，土地利用总体规划是实现国家各项改革顺利开展的重要保障。城市土地利用，通过协调地租和用途两者之间的关系，对工业用地、住宅用地等各类用地合理安排，满足人们的需求。土地利用总体规划的最终目的是实现环境效益、经济效益和社会效益相协调。城市土地资源的规划与利用，在当前已经不再是配置资源的问题，更是与当前城市建设和市民工作生活水平相协调的问题。所以，在城市土地资源的规划与利用时，需立足于资源配置和土地资源利用效率两个角度。

（二）土地利用总体规划编制方法

原国土资源部（现为自然资源部）为了指导土地利用总体规划编制，原国家土地管理局先后颁布了多部规划编制办法和规程。1993 年发布了《土地利用总体规划编制审批暂行办法》，1997 年又发布了《土地利用总体规划编制审批规定》和《县级土地利用总体规划编制规程（试行）》，这些规定对土地利用总体规划编制工作影响重大。如今正在实施的编制办法是原国土资源部 2009 年发布的《市县乡级土地利用总体规划编制指导意见》和《土地利用总体规划编制审查办法》。这些都是规划编制工作的强制性操作程序。

目前，土地规划编制内容日趋综合化。不仅需要从土地本身的基本属性出发，把握土地利用的总体特征，而且需要进行充分的分析、核算，使土地利用规划产生的经济效益、社会效益和生态效益最大化，并确定人口增长对土地资源的需求及土地资源所拥有的承载力。土地规划也由计划经济时期单一的用地规模指标控制向空间管制和环境容量控制转变，逐步加强空间规划在土地利用总体规划中的分量。

同时，土地利用规划方法趋于多样化，逐渐由定性描述、对比分析等传统方法转变为使用灰色控制系统、系统动力学（SD）模型、层次分析法（AHP）、多目标决策规划、最优化技术等现代方法。由于单一方法都有自身优缺点，因此在规划中更倾向于各种线性规划方法、非线性规划方法、多目标规划方法综合运用于土地利用规划过程中。

我国土地规划编制和管理技术也得到迅速发展，通过编制和管理手段信息化，不仅提高规划工作效率，还提高了规划决策的科学性。地理信息系统技术（GIS）、遥感技术（RS）、全球定位系统（GPS）、决策支持系统（DSS）等现代科技手段的应用和推广，使土地利用规划从野外调查、资料搜集、信息处理、计算模拟、目标决策、规划成图到监督实施过程逐步实现信息化。国内已在土地利用现状调查及评价中，较为广泛地运用 TM 卫星资料和 SPOT 卫星图像，并将遥感与地理信息系统结合，探索达成土地的多种规划目标。在 GIS 的支持下，通过适宜性评价模型和生产布局决策模式的建立与运行，可以有效地进行区域土地的合理规划。

（三）土地利用总体规划与城市规划

1. 关系

土地综合利用资源规划的根本目的也就是通过合理配置，以及充分优化综合利用地区土地生产资源，提高地区土地利用资源综合利用率，在保护土地资源的同时保证经济利益最大化，城市发展最优化。城市规划建设是从我国城市规划建设的整体角度开始出发，利用国有土地建设资源综合进行整体城市规划建设。两者之间相互协调配合是非常有必要的，一方面城市规划是以空间规划为基础的，另一方面，空间规划将社会经济需求与城市化的发展相结合，以实现土地资源的渐进式规划和配置，来解决土地资源保护、经济发展和城市建设之间的矛盾。一般来说，城市规划应该以客观环境为基础，主要目的是维系城市经济发展和城市建设的稳步推进目标实现，确保达到可持续化发展目标，平衡城市经济发展和城市建设之间的关系。当然，无论是城市规划还是土地利用总体规划，都是重要的规划对象，即土地资源的合理利用和开发，协调环境的发展，突出社会文明的发展和经济的稳定进步，以可持续发展为基础，实现资源的整合和现代化。

2. 共同点

这两者都已经受到了相应的法律规范性和制度的严格约束。一般来说，土地开发使用城市规划是以《中华人民共和国土地管理法》为基础来进行的，在规划城市现代化建设期间，城市管理者与规划者必须要严格按照《城市规划法》展开，确保各项工作有法可依，按法进行。在开发土地资源，规划城市发展道路上，国家政府部门有主要领导责任，是从一个国家的视角来统筹规划的。两者都属于空间规划，都以土地为基础，旨在确保土地资源的管理和最佳分配，以实现发展目标、可持续资源开发、土地保护和经济发展。

3. 不同点

首先，两者涉及的规划领域存在差异。在国土空间规划的总领下，划定城镇开发边界、生态保护红线、永久基本农田三条控制线的基础上，城市规划建设的范围主要包括：城市、郊区和城市行政区域控制开发区域。区内各类工程的规划建设，如建筑、路桥、景观、地下空间、电气等，均被划归为城市规划之中。总体规划与利用土地资源，需要与周围地区的土壤结构、周边环境等实际情况相结合，划分土地利用类型。时至今日，较为常见的土地资源利用类型可以划分成为未利用土地类型、建筑用地类型和农业发展土地利用类型等。在利用土地资源时，要综合分析土地资源的未来发展价值，对所有土地做出宏观规划，同时要基于实际需求，做好合理的规划，保证开发的合理性。其次，在城市土地资源规划期间，规划人员要对所有影响因素展开系统性考虑。土地利用总体规划的核心是控制城市土地，政府部门在规划时要积极深入一线，展开科学且合理的研究与调查，根据调查结果制定可行性的解决方案，合理划分面积指数，将各类土地资源的应用类型予以明确。城市规划中则与土地利用总体规划的出发点和视角都不同，考虑的因素也更多、更全面。在规划中除了要紧密结合城市未来的经济发展战略方向，控制好各种基本社会保障建设，还需要关注城市形象建设，增强城市文化内涵。在规划城市土地资源利用类型时，要对其历史背景、发展前景、经济发展水平和风土人情等作出衡量，在与城市经济发展水平相结合的前提下，将城市居民生活所需要的基础设施准备妥善。另外，还要为保证城市居民生活质量，满足城市居民生活需求营造良好的环境，合理开发城市公共生活空间。

第四节　城市详细规划

一、城市控制性详细规划

（一）控制性详细规划的概念

以城市总体规划或分区规划为依据，确定建设地区的土地使用性质和使用强度的控制指标、道路和工程管线控制性位置及空间环境控制的规划要求。

在“国家标准《城市规划基本术语标准》局部修订征求意见稿”中，将控制性详细规划的概念修改为：是城市土地出让，控制城市土地开发、实施建设项目管理的法定依据。根据城市总体规划或分区规划，确定不同地块的土地使用性质、开发控制指标、基础设施和服务设施配套建设的要求、自然和历史文化环境的保护要求等。

控制性详细规划从性质上看，是一种融规划设计和管理为一体，主要为规划管理工作使用的一种规划方法。它对城市新旧区的开发与再开发活动实施引导，防止单个开发建设活动对城市整体产生不良影响。它以土地使用控制为重点，其特点是规划设计考虑规划管理要求，规划设计与房地产开发衔接，将规划控制的条件用简练、明确的方式表达出来，从而利于规划管理实现规范化、法治化。

从实际发展历史分析，我国从 20 世纪 80 年代初开始对控制性详细规划展开探索，经过多年实践，1991 年正式将城市控制性详细规划列入《城市规划编制办法实施细则》。控制性详细规划是第一个被纳入编制办法的城市规划，说明了控制性详细规划对国家的重要性，并逐渐地被应用到城市的建设中。

在此基础上，对所有关于控制性详细规划的内容都进行了明确规定，强调规划在土地市场中的重要作用。1995 年更新的《城市规划编制办法实施细则》对控制性详细规划进行了重点强调，编制办法细则对每块土地的使用都进行了明确，包括使用的用途、建筑的细则、土地容积率及基础设备等，都进行了详细规定，要求在实施城市控制性详细规划时，将要素都表现出来。

从实际地位和作用上看，国内制定控制性详细规划就是为了控制和指导城市用地及土地发展，但实际开展的前提必须有具体的土地分配方法，一方面可以控制土地使用，另一方面可以为开发商的项目管理提供理论凭据。根据《城市规划编制办法实施细则》的有关内容可知，城市控制性详细规划是行政管理部门在审核项目中的重要依据，对总体规划中的土地空间结构、空间布局、功能等从宏观层面进行了规划，以定位的形式将宏观层面规划的内容向微观层面转变。编制办法中对平面建设、道路等基础布局的规划，也进行了明确指导和布局。

（二）控制性详细规划产生的社会背景

20 世纪 70 年代，我国社会经济体制、土地管理制度、城市建设方式发生重大转变。首先，国家将计划经济体制转变为市场经济体制，国家的放权促进了市场竞争，出现许多社会利益集团，加速了当时的经济发展，城市建设同时也出现了新问题；其次，国家改变原本无计划、无偿、无期限地拨用土地方式，建立有计划、有偿、有期限的土地划拨制度，将零星分散拨地变为成片划拨，单纯的行政手段管理用地转变为以行政、经济、法律多种并用的手段；最后，在改革开放初期，城市存在以“单位”为单位的建设管理主体，它们就“单位”论“单位”，零星分散拨地建设对城市整体风貌、整体公共设施配套、市政设施配套等方面均造成消极影响，之后建设方式转变为“统建”——统一规划、统一开发及统一建设，并且其开发产品可进入市场交换，这大大促进了房地产行业的发展。

综上分析，土地在成片划拨、有偿出让和转让时，需要政府部门对土地明确提出规划建设要求和开发强度控制，这既可作为未来规划管理的依据，又可作为土地有偿出让使用的衡量标准，避免出现房地产商过分追求经济利益而损害社会公共利益的现象。

在当时的城市规划体系中，总体规划在宏观尺度上确定城市的性质、功能和发展方向，并不对具体地块进行开发管控；而详细规划则是微观尺度上对具体建筑布局的物质形态规划，就地块论地块，缺少对周边区域的交通、功能、经济、人口容量等关系的分析。

因此，当时国内正缺少既能够帮助政府在土地交易时可使用的衡量标准，又能切实指导开发商进行土地开发的中观尺度上的规划设计，这为控制性详细规划的产生提供必备的社会基础条件，也可说控制性详细规划的产生具有一定必然性。

（三）控制性详细规划的发展历程

1980 年，美国女建筑师协会来华，带来了土地分区规划管理的概念，为当时中国规划界注入了新血液。伴随当时市场经济的产生及土地制度的转变，控制性详细规划首先出现在沿海国际化大都市上海。

1982 年，为适应外资建设的国际惯例要求，在黄富厢先生的主持下，上海市编制了虹桥开发区规划，其中包括土地出让规划，它是我国控制性详细规划的开河之作，首先采用用地性质、用地面积、容积率、建筑密度、建筑后退、建筑高度限制、车辆出入口方位及小汽车停车库位 8 项控制指标对用地建设进行规划控制。这一方法在当时取得了较好效果。

1986 年，上海市城市规划设计研究院针对我国国情，通过《上海市土地使用区划管理法规的研究》课题，编制了《城市土地使用区划管理法规编制办法》《上海土地使用区划管理法规》文本及编写说明，采取分区规划、控制性详细规划图则、区划法规结合的土地使用管理模式，较系统地制定了适合上海市的土地分类及建设控制标准。

之后在全国各地陆续掀起控制性详细规划编制热潮。1987 年，清华大学在桂林中心区详细规划中初步形成一套系统的控制性详细规划的基本方法。同年，广州开展了覆盖面达 70 km^2 的街区规划，并制定颁布执行《广州市城市规划管理办法》和《实施细则》这两个地方性城市法规。1988 年，温州市规划局着手编制温州市旧城控制性详细规划；1989 年，江苏省城市规划设计研究院结合“苏州市古城街坊控制性详细规划研究”课题，编写了《控制性详细规划编制办法》；1991 年，原建设部在《城市规划编制办法》中列入了控制性详细规划的内容，并明确了其编制要求；1995 年，原建设部规定了《城市规划编制办法实施细则》，规范了控制性详细规划的具体编制内容和要求，使其逐步走上了规范化的轨道。

综上，我国控制性详细规划的开展情况经过了三个阶段：首先，从形体设计走向形体示意。通过摆房子的形式得出管理依据，仅作为建筑形体灵活性的示意，是规划管理部门的参考依据，缺少强制性内容。然后，从形体示意到指标抽象，对规划地区进行量化指标控制，约束城市的开发建设。最后，从指标抽象逐步走向完整系统的控制性详细规划。

（四）国内外的城市控制性详细规划研究

国外关于城市控制性详细规划最早于 20 世纪初期开始发展，经济发展逐渐加快，城市人口数量飞速增长，使得土地开发的强度增加，大多数开发者都将利益放在核心位置，导致多种社会问题。为了维护国家整体的经济效益，出现了与控制性详细规划的作用和主要内容类似的规划。

国内的城市控制性详细规划是借鉴国外的规划经验成立的，并根据国内实际情况进行了相应调整，可以更好地指导国内的规划发展和建设。国内控制性详细规划的组成包括实际土地使用状况、使用评估、规划分布重点、规划编制技术及各项指标。

二、修建性详细规划

（一）修建性详细规划的概念

修建性详细规划是以城市总体规划、分区规划或控制性详细规划为依据，指定用以指导各项建筑和工程设施的设计和施工的规划设计。

修建性详细规划实际是一种用地规模较大的建筑总平面设计，一般建筑设计部门也可以编制。所以修建性详细规划是直接为施工服务的，它的很多图纸，就是施工用图纸。大量用于城市住宅小区建设和重要地段的城市空间设计方案，是城市设计的重要内容。

（二）修建性详细规划设计要点

修建性详细规划编制主要由文件和图纸两部分组成。第一部分文件为规划设计说明书；第二部分图纸包括规划地区现状图、规划总平面图（包含交通规划、竖向、景观）、规划分析图（包含日照、交通、竖向、景观等）、综合管网规划、反映规划设计意图的透视图和建筑单体设计等。

1. 规划设计说明书

规划设计说明书包括：项目概况、现状分析、设计依据、设计理念、总体规划、基础设施规划、建设时序和技术经济指标、工程估算等。

规划设计说明书作为修建性详细规划的重要组成部分，规划设计人员往往不够重视，常常挤压这部分的编写时间，导致文本千篇一律、章节混乱、前后内容不一致，没有根据具体项目来编制。因此，规划设计人员要认真地对这一部分进行编写，最好是与图纸同步进行，编写的内容与图纸一一对应，这样才能提高规划设计说明书的编写质量与效率。

2. 图纸

（1）规划地区现状图

规划地区现状图作为最重要的基础资料之一，应予以高度重视。在拿到现状图之后，规划设计人员要根据规划设计的不同类型项目认真核对地形地貌。

（2）规划总平面图（含交通规划、竖向、景观）

规划总平面的布置需要根据不同项目类型、不同地区的气候特点，贯彻“实用、经济、美观”的方针，坚持“以人为本、因地制宜”的原则。修建性详细规划以规划设计条件的函为依据，而规划设计条件的函则是自然资源主管部门依据控制性详细规划提出的。

（3）规划分析图

日照分析是最重要的规划分析图之一。日照标准是确立建筑物间距的基本要素，是提升各类场地环境质量的必要条件，是保障环境卫生、建立可持续环境的基本要求，也是维护社会公平的重要手段。除了日照分析图，其他如交通、景观、竖向分析图，主要是通过突出单项内容，分析这些内容的合理性和可行性。交通分析图通过分析车行、人行、消防车的路线和出入口，可以看出这些路线、出入口是否流畅，安全是否得到保证，设置是否符合有关政策法规要求。景观分析图通过点、线、面三个方面来分析景观节点、景观轴、景观绿地，通过分析使人们对场地环境有空间感。同时，景观设计也体现新时期人们对规划设计的更高要求和人们不断追求高品质生活环境的需求。

（4）综合管网规划

综合管网规划是场地内外管网的衔接，涉及的专业、部门最多，需要各方配合才能完成。合理的综合管网规划设计，是保证修建性详细规划实施的重要环节。在设计前，应做好基础资料的搜集工作，了解当地的有关具体规定。在设计中，应注意各专业的协调配合。设计完成后，要注意与其他部门的沟通交流，及时修改各部门意见。

（5）反映规划设计风格的透视图和建筑单体设计

不同地域、不同类型的建筑透视图和建筑单体设计展现出不同的效果，是修建性详细规划的具体实施。通过透视图和建筑单体设计，人们对修建性详细规划的认识更直观，更有画面感，参与度也更高，这也使得《城乡规划法》中规定的公告程序得以实施。

第二章　现代城市设计

城市设计在城市规划建设中发挥了重要的作用。本章内容为现代城市设计，主要从三个方面进行了介绍，分别为城市设计概述、现代城市设计理念、现代城市设计方法。

第一节　城市设计概述

一、城市设计

（一）城市设计的特点

城市设计指综合设计的各种相关要素，可以使得城市中的所有设备在使用空间和功能方面协调一致，这种本质原理涉及的方面较多，如在整体空间规划布局、城市风貌、城市功能、城市公共区域等多方面。相较于城市规划的抽象性和数据化而言，城市设计更具体性和图形化，也更重视整体城市形态和环境的塑造，需要通过艺术性提升城市的美观，需要采取弹性化设计顺应规划。

（二）城市设计的发展

城市设计伴随着人类社会文明的发展，已有一万多年的历史，但将其作为理论研究开始于 1943 年，帕特立克·艾伯克龙比（Partick Abercrombie）在《伦敦规划》一文中，首次使用“城市设计”的概念。自此，建筑学、规划学等领域开始对城市设计产生广泛关注，不同领域的学者从不同的视角对城市设计都有自己的见解。理论与实践活动在近 80 年时间内快速发展迭代。

1. 发展历程

（1）物质形态决定阶段

1893 年在芝加哥举办的世界博览会上，芝加哥密歇根湖畔修建的宏伟古典建筑群，以及充分依托水体、利用原有自然环境的设计使人们感受到城市设计对于环境美化的作用，自此掀起了美国的“城市美化运动”。从19世纪末至20世纪初的20年代期间，城市设计主要受视觉秩序分析法、图底关系理论、连接理论的影响，对于物质形态尤为关注，明确城市形态的空间结构等级，从审美角度注重建筑单体的灵活设计、建筑之间的互相协调、建筑群体的空间构成，通过形体特征驾驭空间联系，营建城市积极空间，改造消极空间。乔治 - 欧仁 · 奥斯曼（Georges-Eugène Haussmann）、卡米罗 · 西特（Camillo Sitte）等是这一时期的代表人物，美国华盛顿中心区设计以及澳大利亚首都的城市设计都是这一时期代表作。

（2）情感因素主导阶段

20世纪20年代至60年代，人们除了从视觉艺术的角度继续探索，也开始从社会学、心理学、人类学等多角度深入研究城市空间环境，其间影响较深的当数克里斯蒂安 · 诺伯格 – 舒尔茨（Christian Norberg-Schulz）的场所理论。它是建筑现象学的核心范畴之一，是对那些忽视周围环境与文化背景，盲目套用国际主义风格的所谓现代主义的理论批判。追求个性、营造场所感的设计理论主张在空间界定和围合之中融入社会、文化及情感的因素，在很大程度上满足了高度发达的物质文明社会下人们渴望心灵得到滋养的欲望。场所理论凭借独特的哲学视角呈现出一种新鲜的设计思维，使设计师不再只是居住机器的创造者，而是记录人类历史、承载人类情感的“诗意的栖居”方式的设计者。美国纽约城市改建及旧金山城市设计都是该时期规模较大的实践案例。

（3）自然环境关注阶段

20世纪60年代以来，城市急速发展，大量的人工建筑与城市环境对自然带来了越来越严重的破坏，人们开始意识到不能仅就城市论城市，对保持自然和人工环境的平衡日益重视起来。对于自然环境的关注成为新时期最显著的特征。绿色城市设计以其对于自然生态规律、特点的把控，注重人工环境与自然环境的和谐共存，成为引领城市环境永续发展的设计思路。

2. 古典主义时期的实践探索

（1）15世纪的理想城市

这个时期人们对城址选择、城市形态、规划布局等进行了论述并提出理想方案，认为城址的选择要有利于避开浓雾、强风和酷热，必须占用高爽地段，远离疫病滋生地，要有丰富的农产资源和良好的水源，要有便捷的道路或河道同外界联系。这一标准对欧洲后来的城市规划思想颇有影响，欧洲各国的军事重镇如法国的萨尔路易等城市大都采用了这种模式。

（2）19 世纪初期的新协和村

19 世纪初期的新协和村满足了人与自然生态和谐的客观规律，是一种生产力尚不发达条件下的原始的自给自足循环经济模式；强调人人平等的社会理想和众多公共设施空间的建设，开辟了创造崭新人与社会关系的试验田；认为专注于物质空间形态的城市设计与城市社会改革是不可分割的。

（3）19 世纪中期的巴黎改建

19 世纪中期的巴黎改建通过建造城市公园、绿地等城市绿色景观系统解决城市环境问题，客观上开辟了供市民使用的公共绿色空间，从城市自然生态的角度看具有积极的意义；拆除了全城大约三分之一的历史建筑和城墙，造成巴黎历史文化的巨大损失。

（4）19 世纪末期的田园城市

19 世纪末期的田园城市强调在城市周围永远保留绿带，包括永久保留农业所用绿地，其农、林、牧并举的设想是今天绿色城市理论提倡城市农场的先声；绿化带和农田是一个完善的城市绿地景观系统的重要组成部分；体现了城市物质形态和社会组织之间难以割断的紧密联系。

（5）20 世纪的光辉城市

20 世纪的光辉城市提出城市集中的空间规划理论，强调用现代技术手段引导城市人口集中，形成以高层为主，拥有大片绿地的现代城市空间形态；对城市历史的忽视造成对历史城市风貌的破坏，消灭城市生活，显现出非人性化的一面。

（6）20 世纪的广亩城市

20 世纪的广亩城市留恋农业时代的道德和文化，呼吁城市回到过去，提出空间分散的城市理论，理论与实践探索中，人和自然环境、人与人之间有直接联系，自然环境受到保护和尊重，城市农业得到前所未有的重视；过度依赖私人汽车造成城市能源过量消耗，体现了对现代技术的盲目乐观。

（三）城市设计的国内外研究

对于欧洲国家而言，城市控制性详细规划和城市设计的发展和使用已经有较长历史了。例如 1912 年，荷兰建立了城市美学控制规则；1960 年，城市的进一步发展使得国家的社会网络与城市肌理受到了破坏；1970 年，能源危机导致经济危机，欧洲国家面临着巨大难题，对于城市设计的控制也产生了一定影响，危机的出现使人们充分意识到城市规划的重要性；1980 年，各个城市之间的竞争逐渐激烈，全球化的发展进程加快，城市历史、人文景观、环境价值等都成为城市独有的重要资源。

全球化发展使得城市不断认识到区域历史及独特文化的价值，人们对城市设计也提出了更高的需求。

我国的城市设计开始于20世纪80年代初期，至今城市设计历史只有30年的时间，但这段时期内国内城市化的飞速发展及经济、建设活动的开展，都使城市设计在实践过程中取得了巨大进步。

（四）城市设计的基本理论

1. 连接理论

“连接理论”致力于通过将各种空间元素用“线”串联来创建遵循一定规则的空间结构。这些“线”包括行为线、动力线、信息传递线等“心理线”，以及汽车行道，人行步道和开放的线性空间等“物理线”。连接理论还包括两个层次：物质层次和内在动机。在物质层次，连接是用“线”将不同空间元素进行组织和搭建。未绑定的彼此之间无联系的元素相互连接，在“线”连接下形成原始的关联。这些元素形成相对稳定的排列结构并建立空间顺序。在内在动机方面，它通常不仅意味着连接线本身，而且还意味着不可见的“内部流”，例如动作流，信息流及线中包含的能量流等，对于每个空间元素都实现了关联的意义。

2. 场所精神理论

“场所精神”本意是古罗马语中“地方守护神”（Genius Loci），地方守护神其实就包括了古罗马人对空间场所的文化想象，也体现了对空间中实体要素颜色、形体、材质的要求。所谓场所精神是对空间赋予了文化、地域意义和人为心理倾向，当空间被赋予这样一层意义后，才可以被称为场所。这种意义对于个体来说包括了方向指向性和心理认同感。方向指向性能够让人们在不同环境中都能更快地辨清位置并建立与场所之间的联系，获得在不同环境中的安全感；心理认同感是在场所及其周边长时间深入了解后，接纳当地的文化、历史，并认同个体在该场所内的位置。后期从场所精神中又衍生出了场所结构理论。该理论提倡在新时代城市设计实践中必须遵循以人为本的思路，以人的行为需求作为设计出发点，设计是基于城市现状做出的思考，城市的人文环境和历史文脉传承与物质空间改造同样重要，该理论为城市在未来设计中如何继承保护利用历史文化遗产指明了方向。

3. 环境知觉理论

环境知觉的三个重要理论是格式塔理论、生态知觉理论和概率知觉理论。格式塔理论认为，人类感知的体验是完整的格式塔，不能分解为某一个独立的组成部分。同时，当我们由于客观对象的能力有限而感知到它们时，我们相信只有一部分对象可以选择接受它们。感知到的对象可以被分为背景和图形，图形是我们感知的重点。生态知觉理论认为，环境知觉是直接接受周边环境刺激而产生的，产生环境知觉的过程是一个整体，而不仅仅是多个刺激的集合。相反，这是一个系统过程，也就是说，人类在任何环境中都对环境具有积极的适应性，行为的产生状态和内容实际上是人类对环境内容的适应结果。

4. 空间行为理论

空间行为理论主要关注人在不同空间中的行为表现，其研究重点是个人空间、私密空间、领域性，强调人在不同的空间环境中会有不同的行为变化和心理需求。我们可以将个人空间视为在人体周围包裹的一层泡沫，这层泡沫在受到外界干扰或者他人触碰后会产生变化引发个体的不适应或者心理的不安情绪。这层泡沫可以作为一层自我保护工具，根据这层泡沫的位置和变化来调整个人与他人之间的距离，确保交往距离的适宜和自身的安全。私密空间是基于个人选择和控制产生的，如果个体的生活方式和社交距离领域性是对特定空间的掌控感，个体在绝对领域内会发生自主防卫的行为，会强化个体对这一空间的心理认同感和归属感，在此空间内个体会感受安全。领域性不论是对个人、社会团体还是社区都是实现健康生活的重要组成部分。

5. 城市触媒理论

城市触媒理论是将城市发展中遗留的相互缺乏联系的旧元素进行有机的组织，通过引入新的要素或者改变旧的要素，使不同要素之间产生一种积极的化学反应，随着反应的发生，这些要素会建立联系共同作用于整个旧城。这种改变可以是空间功能的变化，也可以是空间格局的重塑，触媒方式并不局限于某一种方式，其通过城市的局部改造引发邻近区域产生连锁反应，从而带动整体的发展和面貌的改善。这不仅仅表现在经济上的激活，也表现在城市景观环境的重新整合及城市生机活力的激活和复兴。

二、城市设计与城市控制性详细规划的融合

（一）两者之间的关系

结合目前对城市规划特点的分析，城市设计通过城市规划的具体内容变得更形象，可以有效提高规划编制内容的可行性，城市控制性详细规划与城市设计之

间并不矛盾，相互依存。

在控制性详细规划的具体内容中，明确了设计的章节，规划中对应的指标也参照城市设计的相关因素。现阶段，城市设计非常重视科学有效的管理规划制度，在实际开展城市设计的过程中，不但包括整体空间设计，对城市设计中的标准也更加重视，相较于传统设计的思维模式，目前更动态化，城市的控制性详细规划也是城市设计中实行反馈的重要形式。

（二）两者融合的必要性和可行性

1. 必要性

在实际使用城市控制性详细规划时，还会出现一些问题和不足，例如在应用成果、空间指导方面，城市设计虽然可以将设计效果表现出来，但由于非法定地位及成果过于理想等问题，无法代替城市控制性详细规划的作用。应在剖析和研究的基础上，使两者之间可以充分发挥各自的价值和优势，解决存在的不足，开辟控制性详细规划可以与城市设计相融合的道路，扬长避短，促进社会快速发展，对整体城市建设也可以起到有效指导的作用。

2. 可行性

由《城市规划编制办法实施细则》可知，城市控制性详细规划与城市设计存在较多相同之处，控制性详细规划中包含城市设计的有关因素。在规划中，大部分控制指标与城市设计存在关联，可以通过城市设计进行细致表达，两者之间存在一定联系性。城市设计最明显的特性就是控制性，设计成果中包含空间布局设计，从微观层面上对城市建筑的高度、体积、颜色及周围景观环境进行控制，从宏观层面对城市的轮廓、环境风貌采取控制。城市控制性详细规划中的规划指标与整体空间环境具有紧密的联系，建筑特征的指标也与城市设计的建筑外形紧密相连。

（三）两者融合的效果

（1）利用城市设计可以使城市整体形象得到直观表达，将规划的二维平面推进到三维。

（2）城市设计的实施可以对控制性详细规划的编制起到良好的指引作用，使得规划中的每一个单元都设计了对应的形象。

（3）通过二者之间的编制分配、互相融合，使两者之间的编制成果得到有效校正。

（4）控制性详细规划中审批的实施使得城市设计的实际成果得到了法定认同，在规划过程中，有效落实城市设计与控制性详细规划。

（5）在实际开展城乡规划时，利用先进的信息数据手段对规划的成果进行维护，有效避免了传统规划成果没有人员管理、不能及时更新的问题，保证了规划的科学合理性。

（四）两者融合的路径

1. 从建筑体量控制入手开展城市设计内容

建筑体量作为城市设计的确定性因素，建筑的形态及空间公共的特点都会影响人们对城市整体的评价。人们在城市规划中观察城市空间时，首要考虑的问题就是建筑量。大多数情况下，规划中的控制指标可以用于建筑外观，建筑物的体积是城市设计中最直接有效的参数之一。需要制定科学合理的控制性对策，从建筑物的高度考虑，将建筑物的高度掌控在建筑体量的指标内，并参与城市控制性详细规划编制。

建筑物的高度由道路空间决定，应参考国外的高度控制技术，对整体建筑物的轮廓进行控制，还需要考虑建筑物周围存在的因素，例如周围街道、广场、人群聚集地及停留场地等，从而有效控制建筑物体积。

2. 从城市空间角度增加对环境适宜度的考量

从整体分析，环境适宜度的综合性较强，人们选择居住地时首要考虑的因素就是环境，也可以将其视为公共利益。建立环境适宜度指标体系，环境指标如果按照传统管理方法进行计算，缺乏实践的检验，指标精准性得不到保障，应采取渐进的方法，优化本地应用效果，从而可以更精准、更有效地应用在城市的规划和管理方面。

三、城市设计相关理论

（一）城市图层理论

城市设计是通过不同类型、不同层次的图来进行表达和控制的。从图底关系理论时期，城市设计就已经有了图层思想的萌芽。随着城市的发展，图层思想不断地融入各种城市设计理论中。城市设计中的图层思想起源于格式塔（Gestalt）的“图底关系”（figure-ground）理论与地图学的结合，以城市地图为基底，运用“图形”和“背景”的视觉结构对城市空间结构进行分层研究，主要的研究对象是建筑与城市空间的关系。现代城市图层系统主要由三部分构成，具体如下。

（1）城市生态空间图层系统

生态空间也是城市物质空间的一部分，在城市建设中起到了极其重要的作用，在城市规划与设计中的地位较高，也是城市设计中探讨最多的专项城市设计，所以生态空间系统是城市设计中城市图层系统的优先组成部分。生态空间系统包含城市设计生态基底图层组与生态景观图层组。生态基底图层组是指项目建设前场地内的各种建设条件，包含地质条件图层和地形地貌图层。生态景观图层组包含生态环境图层和景观结构图层，其内部部分图层与要素也具有物质空间系统的特征，但其对于生态空间的作用、意义较大，所以归类为生态景观图层组。

（2）城市物质空间图层系统

城市的物质空间系统是城市图层系统中最为庞杂的一个系统。主要分为城市结构图层组和人工建设图层组，是目前城市设计导控过程中涉及较多的内容，其内部的图层与要素较为冗杂。有些图层和要素具有多重属性与功能，并且要素或图层之间的关系错综复杂，无法明确地界定该图层或要素属于哪一个层面。在这里，将城市结构图层组分为城市空间结构图层和城市形态图层，人工建设图层组分为土地使用图层、交通体系图层、公共空间图层、建筑物形态图层、城市特色空间及要素图层等。

（3）城市抽象空间图层系统

相对于生态空间和物质空间，城市设计中对于城市抽象空间的研究较少，尤其是城市设计导则方面，城市设计导则多是基于对物质空间形态的设计导控，来影响城市的抽象空间。而城市设计中的城市图层系统研究，则需要强调城市抽象空间系统的作用与地位，城市抽象空间图层系统包括心理认知图层、社会空间图层、历史文脉图层及时间维度的图层 4 个方面。

（二）城市区位理论

1. 城市设计区位理论

区位理论的核心是要进行区位的审视和选择，该理论始于杜能的农业区位理论，而后经历了新古典区位理论、行为经济学为主的发展阶段、结构主义为主的发展阶段、生产方式为主的发展阶段、非完全竞争市场结构为主的发展阶段。而区位理论于城市设计而言更是不可或缺的部分。

对于传统区位理论与城市设计的关系，首先，区位作为城市设计中常用的分析步骤，从理性的角度关注了许多设计之初需关注的问题，如地理位置、空间结构等要素，此举固然有其可取之处，但在许多城市设计中，对于这些区位要素的分析大多仅停留于表面，对其后续的设计并不能真正意义上提供灵感与思路的指引，这便容易使得设计出现大同小异、“千城一面”的现象。因此，在设计之初对于区位相关要素的审视应在考虑其理性范畴的基础上，更多地关注其感性要素，如历史文化、地域特色、艺术审美等意象要素，有针对性和特质性地加以分析和探讨，通过对感性意象要素的把握，更多体现人文情怀，使得在设计之初能够发散思维，为后续设计提供灵感，同时也使得城市设计有“温度”“人情味”，每一个设计作品都具有独特性。其次，区位审视的核心是挖掘城市特质意象要素，最终指向的是营建城市特色，而对于区位空间感性和理性相结合的审视路径是为挖掘意象要素和营建城市特色提供了一条有效的技术路线。

2. 区位空间下的城市设计路径

（1）区位主体方面

区位主体，即城市设计的目标对象，按分类而言可分为三大类别：宏观、中观、微观。区位主体既可以是一个整体，例如某个城市，其中所包含的要素十分错综复杂，又可以理解为是某个具体的设计单体，例如某个建筑设计，其组成要素较为简洁单一，而明确了区位主体就为接下来的设计指明了方向。对于区位主体审视的内容而言，可以划分为理性要素和感性要素两大层面。其中理性要素更多指的是传统区位理论应用于城市设计之中的常规分析内容，如地理位置、自然资源等；而感性要素正是现今城市设计之中较为缺失的部分，包括历史文化、意象感知、艺术审美等。对于感性要素的挖掘，其指向是突出城市特色，使得后续设计不再“千城一面”，达到一定文化艺术审美的高度。而对于区位主体的审视路径，大致可分为以下四步：对于理性要素的把握；相关感性要素的挖掘；理性要素与感性要素两者结合，提取出与设计密切相关的特质意象要素；最后梳理分析所有意象要素，进行相关研究，为后续设计打下坚实基础。这一路径具有普遍性，针对不同的区位主体，也可结合具体实践背景进行改动，但大致思路不会发生太大变动。

（2）区位空间关系方面

对于区位空间关系的审视，从内涵层次而言包括由区位主体所涉及的空间环境，具体可分为三个层面：地段、地域、城市，其审视内容可分为理性要素和感性要素两种。其中理性要素就包括传统城市设计需考虑的自然要素和人文要素两方面，诸如地理位置、自然资源、景观水系、人口分布、现状建设情况等；而感性要素的分析与区位主体分析中的内容大致相同，均是指向文化艺术审美的把握，是一种理性基础上的感性强化。对于区位空间关系的审视路径，大致可概括为以下四步：对于区位主体所在地段的审视；对于区位主体所在地域的审视；对于区位主体所在城市的审视；最后总结分析，提取特质要素进行设计。

（3）由区位主体上升到区位空间关系方面

区位主体与区位空间关系是一种指向与反观的关系，由区位主体指向了区位空间关系，再由对区位空间关系的审视来反观区位主体的相关设计意象要素。对于区位主体和区位空间关系的审视更多的是对于其自然、文化意象的感知，而这种感知是以凯文·林奇（Kevin Lynch）《城市意象》为理论支撑的，通过感知特质意象要素，即可在设计之初迸发无限的灵感与想象，这对后期的设计无疑起到促进作用。当然这种灵感大都较为感性，难以捕捉甚至难成系统，这就需要通过对理性要素的获取来试图为这些灵感创造出其可能实现的条件。这就解释了为什么在审视过程中不仅要关注理性要素，还更应重视感性要素。

第二节　现代城市设计理念

一、绿色城市设计理念

（一）绿色城市的概念

绿色城市是指对生态和谐追求的同时，要促进人与人、人与自然、人与社会之间的协调统一，绿色城市设计强调的是建筑和环境之间的协调性、平衡性，在加快城市基础设施建设的同时，创建良好的城市生态环境，提高城市的生态环境水平，结合城市的规划目标和城市的发展现状，提高设计合理性，充分、合理地利用城市中的生态资源，防止出现资源破坏、生态资源浪费等问题。在不同区域内的建筑，由于功能各有不同，因此在具体的建设过程中，要结合绿色城市的设计理念、设计要求，最大限度减少资源浪费，提高各类资源的利用率，优先选择环保材料，应用到设计和建设中，真正将节能减排的目标落实到实际，规划设计各个环节。

（二）绿色城市设计的概念和内涵

1. 概念

自20世纪兴起的绿色文明是基于人们过去的农业文明与工业文明的反思，

是一种反对人类中心主义、反对盲目追求经济效益，而寻求自然生态系统和谐的社会思潮。城市是一个错综复杂的系统，不仅包含生态系统，还涵盖了经济、社会、文化等多方面的内容。绿色城市设计正是在绿色文明的基础之上增加了社会、经济、文化等多方面的内容，综合考虑人与自然、人与社会、人与经济等多方面因素的有机协调问题，追求城市中多种因素的系统和谐与可持续性。

对于绿色城市设计的核心“绿色”的研究，可以从近年来学术界一直提倡的绿色建筑中找到相应的佐证。绿色建筑的概念与指要也是随着研究的发展不断更新与扩充的，最初人们对于绿色建筑的认识也是停留于通过节约能源、节约土地、节约材料、节约水资源及保护环境等方式，实现建筑在全寿命周期内的资源与能源集约利用、与自然生态和谐相处及为人们提供健康舒适的空间环境。其后随着人们的研究与认识，将尊重建筑的地域性及文化性加入绿色建筑的范畴，使绿色建筑不再停留在以保护生态环境为宗旨的“生态建筑”。因此，绿色建筑是追求人与建筑和谐共生的建筑，而城市的规模与范围决定了它包含着社会的范畴，与绿色建筑的主旨思想类似，绿色城市设计是一种追求人与城市和谐共生的城市设计。

综上所述，绿色城市设计是以代表生命、健康、活力的“绿色”概念为指导思想的城市空间环境设计，它追求城市空间中自然、经济、社会、文化等多种元素的和谐平衡与有机统一，关注人与自然环境、社会的和谐，力求通过城市设计的策略改善人居环境，延续城市特色文化，提升城市空间活力，进而实现城市这一包含自然、经济、社会的复合系统的平衡与可持续发展。

绿色城市设计是城市设计基础上发展的一个新的理念，从广义上来说，城市生态系统包括自然生态系统、城市人工环境系统及经济生态系统和社会生态系统，这是一个综合性很强的复杂系统。对于这样一个开放的、复杂的巨系统的生态设计，需要从多层次、多视角来研究。从绿色城市的构成因素来说，绿色城市设计涵盖了环境、经济、社会等不同方面的城市设计内容，需要社会—经济—环境多学科共同完成。

绿色城市设计的核心是被动低能耗设计，即减少对外部设备能源、设备的使用，通过绿色城市设计的手法实现改善城市生态环境的目的，为人们提供自然舒适的生活环境。

2. 内涵

（1）利用可再生自然资源。利用风能、太阳能等可再生资源，在以往的绿色城市设计中已经被验证是有效的。使用现在的技术条件减少对不可再生资源的需求是完全可以做到的。利用可再生自然资源可以有效地减少对不可再生能源的需求，减少空气污染物的排放，提升我国的资源安全性。

（2）节能。具体是指通过对当地的生物气候条件具体分析，最大限度地利用外界条件的有利因素，使用传统的地域性节能、被动式节能方式，以达到自然通风、采光、保温的效果。同时，减少主动式采暖等高能耗方式，节约不可再生资源。

（3）控制污染。在进行城市设计时，应控制人为的污染物排放，减少城市污染对居民的不良影响，改善城市微气候、提高城市环境质量，以期使人与自然之间呈现正相关的发展趋势。

（4）提高舒适性。从生物学的角度出发，重点考虑人体的需求，从这个角度来进行城市设计，尽可能地利用城市的自然条件来提高人体热舒适性、改善居民的生活环境，降低不良因素对居民的影响。

（三）绿色城市设计的目标和内容

绿色城市设计的最终目标是从追求人工环境与自然生物气候条件相抗争转变为自然生物气候条件与人工环境和谐共生。利用自然条件与人工手段创造良好的、富有生机的城镇建筑环境，同时又要控制和减少人类对于自然资源的使用，减少能耗，保护环境，尊重自然，实现向自然索取与回报之间的平衡。

绿色城市设计的直接载体为空间范围内的布局结构、空间建构、设施配套、流线组织、环境生态，文化融入与技术应对为间接载体。通过相应的原则、策略和方法在上述空间范围内进行相应的绿色城市设计。

（四）绿色城市设计的发展历程

1. 尊重顺从自然阶段

虽然“绿色城市设计”的提出时间较短，但是人们关于改善自然与城市环境的研究实践起源较早。早在 20 世纪 60 年代之前，人们就开始了古典主义城市设计的实践探索，虽然都带有一定的理想色彩，实践案例也较少，但都在不同程度上体现了对于自然的尊重与顺从。例如文艺复兴的理想城市、19 世纪的新协和村、田园城市，以及后来的光辉城市、广亩城市等，都是人们面临最初的城市化的朴素的自然觉醒的体现。

2. 技术改造自然阶段

20 世纪 60 年代之后，城市化进程的加快促进了工程技术的迅速发展，但同时生态环境日益恶化。各个国家（尤其是西方国家）的研究学者开始探索运用先进的技术解决交通拥堵、污染严重、能源消耗量大的问题。尽管人们已经意识到人类是自然系统的组成部分，但是仍然希望运用人类的力量改造自然，没能从根本上解决城市发展与环境恶化的矛盾。

3. 深层认知自然阶段

近几十年来，城市化的步伐依然没有停止对于自然环境的破坏，许多有识之士开始意识到自然的重要性，反思无序的城市蔓延、城市建设等所引发的环境问题，各国开始开发利用太阳能、风能、地热能等可再生能源，保护、修复自然环境，实践活动开始关注人类社会学，注重技术与自然、人文的结合，实现了对于自然的更深层次的认知。

（五）绿色城市设计的基本原则

1. 生态平衡原则

自然生态系统的和谐是维持城市可持续发展的基础，维持自然生态系统的平衡是绿色城市设计的首要原则。维持生态平衡原则不是极端的“环保主义决定论”，而是以“天人合一”的自然观为指导，将城市设计建立在保护生态系统的基础之上，转变以单纯追求经济效益为目的的粗放发展模式，改变高能耗、高排放、高污染的生产、生活方式，形成能源的高效循环利用、资源集约利用的城市运行模式，最终实现城市生态系统的可持续性。

就设计过程而言，设计实践应建立在对原有生态系统充分研究的基础之上。需要综合考虑当地的气候环境、地形地貌、植被、水文等自然生态要素，合理地进行空间规划，通过适宜的空间形态适应原有的生态环境，实现对原有生态系统的最小影响。同时合理解决自然采光、通风等问题，合理地进行资源、能源的集约、循环利用。通过合理的空间布局，营造舒适的城市微气候。

2. 空间适宜原则

为人们创造适宜的空间是以往城市设计者一直追求的目标，同时也是绿色城市设计营造舒适人居环境的重要内容。所谓适宜的空间，就是指形态符合人的活动方式的空间，这不仅包含对空间物质实体层面的要求，也是基于城市人文背景、居民的文化习惯的。适宜的空间不仅能为人类活动提供必要的舒适感，也是提升空间活力的重要手段。

空间适宜所涉及的内容是多方面的。不仅要求设计人性化，符合人的行为规律，空间的分布、形状、尺度、围合方式等符合人们的活动方式，为人们营造空间舒适的环境，也要求空间在功能上具有足够的弹性，使空间能够容纳人们潜在的行为。这对于城市综合防灾减灾方面具有重要的作用。尤其是对于城市的公共开放空间，平时是人们交流、活动的场所，而在灾害发生时又可以作为有效的避难场所。

3. 整体和谐原则

绿色城市设计的目标是城市中自然、经济、社会、文化等多种要素有机统一、和谐平衡地可持续发展，强调整个系统的和谐。因此，作为一个包含多个子系统的大系统，城市的综合发展需要各个子系统之间相互适应，达到整体的和谐。由于城市的构成极为复杂，因此城市的子系统也多种多样，子系统之间又形成了多个层级。例如，从宏观上讲，城市包括自然生态系统、政治、经济、社会、文化等，而自然生态系统又可以分为环境气候、土地、植被、水体等。但就城市的物质实体而言，城市可以分为建筑、景观、道路、开放空间等。

城市中各个子系统之间也具有千丝万缕的联系，某个子系统的变化会对其他系统产生影响。因此面对一个成分复杂的系统，在设计过程中，要以系统的、综合的、全面的视角看待问题，同时要综合社会、经济、生态等多学科相互渗透的方法，集中不同学科的优势，对城市的不同子系统统筹兼顾，使各个子系统之间实现协调、可持续发展。

4. 文脉延续原则

文化是一座城市的魂魄，每座城市的发展都不能割裂时代与文脉的联系。文脉在城市的经济发展、精神文明建设等方面都扮演着不可或缺的角色。绿色城市设计需要营造一个舒适的人居环境，同时满足人们生理与心理的需求。对城市文脉的延续就是满足人们对城市历史文脉的记忆需求，以寻求时代与传统的联系，形成文化发展的可持续性。

城市文脉对于城市设计的影响是多方面、多层次的，上到城市的外在形象、发展战略，中到街区、景观的空间形态，下到建筑的细部构件，都可以赋予其文化内涵。对城市文脉的延续并不是对传统历史文化简单的继承与照搬，而是要求设计实践在对地方文化底蕴进行深入分析与继承的基础上积极创新，例如在建筑形象方面，不仅要延续地域风格，也要具有时代精神；此外，综合城市的多元文明、维持城市文化的多样性对城市的发展至关重要。这也要求以动态的、发展的理念指导城市设计，充分考虑本土文化与外来文化的有机融合。

（六）绿色城市设计的理论基础

城市是一个由各种因素相互关联、相互制衡的有机整体。绿色城市设计的理论基础，对理解绿色城市设计的运作方法有关键作用，对于具体的绿色城市设计实践活动具有纲领性作用。

城市整体关联：城市整体关联性原理源自“可持续发展观”和“生态系统”，在过去的城市设计中，决策者往往选择逐一解决的办法，如“先发展经济，再治理环境”，历史证明这一方法的错误性，随着政府与人民环境意识的提高，人们逐渐开始意识到城市设计不是将单一某个城市因素提升，城市整体价值的重要性远远高于其中任何一个组成部分。整体统领局部、决定局部，使城市在功能、空间、结构、时间、地域各个层面相结合，强调整体优先的思想。其中时间包括远期、中期、近期；功能包括经济、社会、能源、生态、物质；空间包括城市级、片区级、地段级、不同气候条件。同时还要综合考虑城市的经济、社会、技术、环境、管理等因素，尊重自然，强调城市的整体关联性而不是局部，以此取得科学的、令人满意的解决方法。

环境系统层级：城市的自然环境在不间断地变化，各个环境自然要素之间同样也存在不断变化的、复杂的关系。引入环境系统层级原理是为了更好地理解自然环境要素与城市之间复杂多变的关系。系统是指由两个或两个以上具有特定属性的组成要素所构成的、具有特定关系和功能的整体。系统层级原理指从“系统—层级”的纵向关系和“系统—要素”的横向关系作为出发点，研究事物变化的规律，发现事物的本质。运用到城市设计中，城市与系统之间的关系就是系统层级结构关系。具体包括系统外部环境之间的依赖性：水体、绿化、气候、地形特征；系统内部的相互依赖性：城市结构、城市功能；系统与环境的互动性：最高程度节能、最低限度的负面影响；环境与人体热舒适性：最适宜的热舒适性。探索城市气候条件与城市系统各个层级之间的关系。从宏观、中观、微观各个层面处理不同层级之间繁复多样的关系，从而构筑健康的城市系统。

纬度地带性：地球的自然植物分布和生物气候条件呈现明显的纬度地带性，梯度是自然界普遍存在的现象，对于城市设计来说，关键在于如何建立适应自然梯度规律的，全面的与生物气候条件相适应的自然梯度关系，这对于保护环境、节能节地、提高人们生活水平有重要的意义。

技术适宜：由于自然梯度不同，生物气候条件各不相同、科技技术水平良莠不齐、文化背景多彩多姿。单一的建筑技术手段无法满足各个不同区域的需求。因此，在城市设计过程中应建立多元化的技术观念，将传统技术、适宜性技术、高技术等不同的技术综合利用。传统技术往往具有很强的地域特征，是通过长期对自然条件的适应，衍生而出的一种因地制宜的技术方法；适宜性技术是一个区域整体技术水平的体现；高技术具有导向性强、技术成本高等特点。在具体的实践过程中，应将技术多元整合。选择技术的使用原则不是选择技术的高低，将传统技术与高技术相结合，或是将传统技术与现代手法相结合，根据实际情况选择最适宜的技术方式。

人类需求适宜：城市作为人类所创造的活动场所，要能够最大限度地满足人类的需求、以最低的能耗获得最大的热舒适性。人类需求适宜性包括多个方面，包括人类的生理需求、社会需求、适宜性与人类需求。人类需求适宜性是绿色城市设计的主要目标之一。

（七）绿色城市设计基本思路和技术体系

1. 基本思路

在绿色城市设计的目标与原则的导向下，整个绿色城市设计的基本思路是一个动态调整和循环反馈的过程，包括对生物气候条件进行分析，做好生物气候条件、地理环境对城市环境和人体热舒适性的影响评价，对城市结构、功能布局、外部空间等做出设计前提出合理的技术路线，结合不同尺度规范、不同气候条件影响因素等特征采取相应的城市设计策略与方法。即分析—评价—技术路线选择—策略与方法提出四个基本步骤。

2. 技术体系

基于绿色城市设计理念的城市设计技术体系是从实现城市生态平衡、延续城市地域文化及促进社会和谐三个方面展开的，具体包括以下几点。

（1）实现城市生态平衡：首先是改善城市气候环境，影响城市气候环境的因素可以大致分为两个方面，一是受所处地理条件的影响，形成城市固有的气候条件；二是城市微气候条件，这是由于城市内部布局形式、人为的生产生活而形成的局部气候与周围气候有较大差异，具体表现为热岛效应、干岛效应、浊岛效应等。其次是能源、资源的合理利用，包含对土地资源的集约利用，绿色交通系统的构建，对水、木材、废弃物等资源的循环利用，对化石燃料等不可再生能源的集约利用，以及对新型可再生能源的利用。最后是自然灾害的综合防治，包括对地震、洪水及诸多气象灾害等多种自然灾害的综合防灾减灾。

（2）延续城市地域文化：首先是有机延续传统文化脉络，即对城市既有文化传统的继承与发扬，比如对城市历史文化遗产的保护与再利用；其次是强化市民的文化认同感，通过城市设计激发市民对城市历史的集体记忆；最后是促进多元文化交流与融合，吸收外来的优秀文化，实现文化的多样性，最终实现文化的发展。

（3）促进社会和谐：首先，要体现社会公平，即社会各个阶层对城市空间的公平享有，消除社会的不稳定因素；其次是提升城市空间的活力与构建空间的归属感，旨在实现城市居民从心理上对于所在城市的一种想象的共同体的搭建，这是构建社会稳定环境的重要基础；最后，人为灾害的综合防治，包括对事故灾害及危害社会公共安全等多种人为灾害的综合防灾减灾，随着社会的进步，人为灾害的种类越来越多，对人为灾害的防治也越来越复杂，因此对人为灾害的防治会成为实现城市和谐与可持续发展的重大挑战。

二、健康城市设计理念

（一）健康城市

1. 概念

健康城市是一个不断创造和改善其建成环境与社会环境，拓展社区资源，从而使居民能够相互支持，实现生活的多种需求并发展达到他们最大潜能的城市。随着健康城市的定义逐步得到学界的扩大补充，健康城市的评定不再局限于某一个特定健康水平标准，而是将一个具有清晰的健康认知，同时城市建设者对其健康状况进行不断改进的城市评定为健康城市。健康城市致力于以健康的环境、经济和社会为支撑，保障个体和群体健康。据此可知，健康城市的成立并不在于单独的地块建设项目，也不在于城市达到了某种特定的状态。

健康城市建设已经成为解决环境危机、健康不公平、生理疾病等问题的重要途径，是城市设计、规划建设、城市治理等众多主体能发挥以人为本、以健康为重的主观能动性，主动为居民提供兼顾生态性和生活便捷性的自然和人文环境，最终实现健康居民、健康建成环境和健康人文社会三者和谐统一目的的重要方式。健康城市的核心指标包括城市居住与健康、高效健康的交通方式、健康设施可达性等。

2. 构成要素

健康城市由健康人群、健康环境、健康社会三大要素构成；三者有机结合、相互影响。健康城市也是物质文明、政治文明、精神文明、生态文明的协调统一。

（1）健康人群。人的健康构成包括身体健康、心理健康、社会适应力、道德健康等；人的行为往往是评价一个人的重要因素，而健康行为也是健康人群评价的重要方面，健康人群往往会通过人们的行为来体现。人们可通过践行健康行为标准来提升自身健康水平，具体如进行适时适度的体育锻炼、作息规律、养成良好卫生习惯、改掉不良嗜好、进行社会交往、亲近自然、休闲娱乐、接受文化教育等。健康人群作为健康城市理念的三大要素之一，是健康城市建设的出发点和落脚点，健康城市也会在人的身上有所体现。

（2）健康环境。健康环境是指环境综合质量状况符合创造身体、精神、社会等方面良好状态的环境；也有学者提出健康城市是在环境方面较为友好的城市，健康环境既包括自然环境也包括人工环境。在人居环境与公共空间的规划设计与营造方面，则需要更好地引导人们产生或养成健康行为。就环境优美的空间环境而言，比如一个地方具有植物丰富、水域清净、环境宜人、景观效果好等优势，本身即可使人身心舒适愉悦，有助于人们的身心健康；而对于人们的活动方面，如运动、锻炼、健身等，可在规划设计方面，因地制宜且适度设计相应的空间与设施，较为直接地助于人们产生健康行为。绿道、公园绿地这类空间场所，其作为城市中的公共开放空间，与健康环境的关联较为密切；健康环境的营造是实现健康城市的重要途径，也是规划设计更能直接影响的部分。

（3）健康社会。社会环境也是健康城市建设发展的主要部分，健康社会则需社会成员间的和谐、安宁、互动；健康社会应是和谐型社会，我国也在努力建设和完善社会主义和谐社会，这也有助于形成健康社会。和谐型社会主要包括：社会发展的和谐、社会关系的和谐、人与自然的和谐等方面；其中社会关系的和谐要遵循两大原则，即包容性原则与公平性原则。

（二）健康城市理念解读

（1）决定健康与否的要素可以分为行为及环境两个方面。行为是指生活模式是否健康，环境则是代表人类的生存环境。在环境心理学的不断发展中，在学术界形成共识：生存环境是决定健康与否的根源性要素，其对人类健康的作用远远高于行为要素。

（2）健康城市的核心理念是实现健康促进。健康促进是指公众通过某些渠道和外界举措，明确自身的健康现状和未来对个体健康方面的需求，进而主动采取举措促进自身健康的行为。健康促进是实现人体最佳健康的一种科学方式，主要途径是帮助改进现有的生活模式。所谓的最佳健康囊括了人体、心理、适应社会能力和智力方面的健康。生活模式可以通过三种方式进行改变：提高健康认识、改变日常行为方式和创造社会支持性环境。

（3）健康城市的实现手段是空间设计。通过结合空间设计策略和政府政策，制定出台了一些空间设计的规范文件，使得空间设计成为健康城市理念与政府决策相结合并能够落地实践的重要手段。

（三）健康城市设计方向

健康城市设计理念始终强调，设计师和政府决策者在明确影响健康的相关要素和不同要素的影响程度后，能够不断完善相关要素指标，推动实现环境客体的健康，最终推动城市使用者发挥主观能动性，提升健康认识并改变日常行为方式，最终实现人的健康、人居环境的健康和社会的健康。

城市设计和城市微更新能够对社会健康起到的作用主要发生在改进环境要素、培养个体的良好行为习惯、促进健康心理三方面，因此城市设计对于健康城市的实现可以提供两个方向：一是统筹规划改善具有潜在健康风险或者已经表达出健康需求的环境要素；二是针对非物质层面的人类行为习惯养成和健康心理转变，提倡推广更加健康、可持续的生活工作方式，促进体力劳动。

针对方向一，可以现行进行摸底排查，通过多方调研发现健康风险要素率先解决。比如针对活力较差的空间，可以增加健身设施、增设休息亭、整合区域扩大服务范围等；针对卫生状况较差的城市空间，可以整体翻修、平整路面铺设地砖、增设垃圾桶、增加绿化。针对方向二，单纯凭借城市设计手段是无法实现的，还需要借助政策、社交网络等。

因此健康城市是一个增量变化的过程，是以人的视角重新审视原有物质环境，使得这种改善跟人所感知到生活质量的提升、精神需求质量的提升等建立起更为密切的联系。要实现健康城市并将理念渗透到个体的行为和心理中必须采取城市设计这一重要手段。为了在旧城功能区实现健康目标，必须建立以健康促进为目标的更新策略，改进旧城健康品质，潜移默化地促进健康个体的转变。

三、韧性城市设计理念

（一）韧性城市

“韧性”一词最早来源于物理学概念，用以描述材料在外力作用形变之下反弹复原的能力。随着系统思维的兴起，韧性的内涵逐渐被拓展，并经历了“工程韧性”“生态韧性”“演化韧性”三个阶段的演变。目前，演化韧性理论作为抛弃对静态平衡的追求而更强调动态调整、不断适应能力的系统性思维，被多个学科领域广泛运用于指导风险应对和可持续发展管理之中。

城市规划建设领域直到20世纪90年代后期才逐渐引入了韧性的概念。通常，城市的韧性指的是城市通过吸收、适应和转变等方式应对来自内外部的干扰并保持其主要特征和系统功能不受明显影响的能力。

（二）韧性理念

在韧性理念的引导下进行城市空间规划、设计和管理的方法与技术创新，是韧性研究的一个新兴领域。然而由于韧性理念本身的前瞻性、变革性与固有的模糊性，虽然在城市领域采用不同方式融入韧性理念的研究越来越多，但在城市设计研究与实践中应将韧性作为松散的“激励”隐喻还是严格的分析框架，仍未达成共识。

1. 将韧性作为城市要实现的指导性目标

将韧性作为城市要实现的指导性目标，能够促使韧性目标引导下的干预行动、措施或政策的制定，以确保城市具有“韧性”。在此类城市韧性的研究文献中，许多学者在研究初期将韧性作为一种“隐喻”使用。隐喻是创造综合性新思想的有力工具。它可以建议在一个完全不同的领域中使用韧性领域的理论或方法，并使生态学领域的知识与其他领域联系起来，以此作为支持和促进城市设计方法创新的手段。但需要注意的是，将韧性作为一种隐喻的融入方式正面临着越来越大的风险，即“韧性作为一个时髦词使用”和“韧性作为标题之外没有其他用途”，如停留于此层面，可能会阻碍韧性理念的实用性发挥。

针对此问题，在韧性理念引入城市规划与设计领域之后，一些学者在韧性概念内涵所经历的两次关键性认知范式转变的启发下，尝试将韧性作为城市通过适当的规划、政策和干预而努力实现的一系列目标能力的集合，以此增强韧性理念的实用性。其原因在于韧性概念在经历从工程韧性到生态韧性，再从生态韧性到演进韧性的认知范式转变过程中，对于城市系统所应具备的韧性能力认知也发生了本质性转变。其中，工程韧性关注系统的稳定能力和恢复能力，生态韧性关注系统的适应能力和稳态转化能力，而演进韧性则强调系统的学习和创新能力。这一系列能力可以被视为培育和实现城市韧性的重要途径，同时将韧性作为城市系统本身需要积极增强的能力特征，能够使其成为寻求相关城市问题解决方案的重要抓手。

2. 将韧性分析模型作为城市问题的分析框架

当韧性理念被引入城市系统之后，城市科学的研究视野和内容得到极大拓展。将韧性分析模型作为城市问题的分析框架，帮助学者寻求解决问题的合适方案，对于城市应对气候灾害等不确定性风险具有重要意义。其中，最为经典的四种城市韧性分析模型为“杯球”模型、适应性循环模型、混沌模型和稳定性景观模型。越来越多的学者尝试探讨在城市研究的背景下将韧性分析模型作为不同城市问题的分析框架，帮助其理解城市社会生态系统应对冲击和压力的方法。在面对不确定性风险时，传统规划设计范式难以适应变化，韧性分析模型将不确定风险视为城市系统发展中的重要组成部分，有助于他们思考城市规划和设计范式的转型与创新。例如有学者基于“杯球”模型率先提出了城市韧性承洪理论，该理论作为城市洪水灾害管理的替代框架挑战了“城市如不防洪即无法生存”的传统理念，并提出了“可浸区百分比”这一指标，实现了韧性分析模型在城市空间层面的创新应用和落实。

3. 将韧性作为城市系统特质的评估指标

在城市设计领域中，韧性也常常作为城市系统所需评估的特质“指标”之一，如何对其进行科学、客观的量化评价是此融入方式中的研究难点。在对评价指标体系的思考上，既有研究往往在城市韧性的动态时间过程序列（开发—保持—释放—重组）和空间研究尺度（区域—城市—社区）两个方面，选择某一特定阶段中的某一个（或多个）空间对象，针对韧性评价方法和工具进行研究，而这些方法和工具又可分为指标法、计分卡法和工具集法三大类型。将韧性作为城市可持续发展的一个重要指标进行定期评估和体检，是应对气候变化等风险和实现城市可持续性的重要途径。然而城市韧性评价的方法与工具尚未形成统一共识，学者基于特定的研究背景采用不同的评价方法和评价指标尝试评估城市韧性，为城市韧性的进一步研究提供新的视角和启示。

（三）安全韧性理念

1. 从韧性城市到安全韧性城市

韧性城市的提出意味着城市安全综合治理进入一个新的阶段。值得注意的是，韧性城市强调城市，特别是类似上海的特大型城市在面临自然和社会的慢性压力及突发冲击力时，具备抗压、适应和可持续发展的能力，即城市受到较小程度冲击时可将冲击自行消化，受到中等强度冲击时可适当削弱其影响，受到重大冲击时能凭借其动态平衡能力缓冲影响，并得以快速修复。

为构建安全韧性城市，城市规划建设将呈现五大趋势。

（1）风险评估复合化，不仅关注单一风险分析，更需要对多尺度、多层次、关联性的安全隐患进行耦合分析，并由单一部门作战转向多部门协同治理。

（2）风险应对主动化，由被动的应急响应转向主动的风险防御，提升城市长期的、动态的、弹性的适应能力，以应对发展中的不确定性。

（3）安全防控柔性化，应对安全威胁城市系统由刚性的抵御对抗向柔性的消解转化逐渐调整。

（4）安全设计人性化，从人的需求出发，关注人在城市公共环境中的体验感受。

（5）管理方式智慧化，运用技术手段支撑城市对潜在风险的历史数据汇集、实时信息感知及应急方案制定。

2. 安全韧性理念在城市设计中的意义

尽管我国的安全韧性城市建设尚处于起步阶段，并鲜少提及其对于城市空间环境品质及空间体验的引导，但我国的城市规划领域早早从不同空间层面针对城市安全问题提出了丰富的理论研究并具有相应的规划实践。在总体规划层面，构建更安全、更具韧性的城市这一建设目标已被陆续列入各大城市最新国土空间规划成果之中。但国土空间规划文件侧重以刚性手段划定最基本的安全底线，满足城市基本安全需求，视角相对单一，方式较为程式化，并未能充分发挥空间形态结构、环境景观要素对空间安全品质的积极作用。而在建筑设计层面，对于公共安全的考虑更多是从防灾救灾的角度出发，尤其是对于大型公共建筑，如文化体育场馆、会展中心、物流仓储建筑等，注重其内部空间安全设计的不断完善及紧急情况下的灵活使用，对于建筑外部的公共空间较为忽视，也缺乏更大尺度上的综合统筹。

因此，将安全韧性理念引入城市设计阶段就显得尤为重要。安全韧性视角下的城市设计旨在积极关注城市公共空间的安全属性，从人的安全需求出发，以公共空间为主要载体，通过对城市空间模式的选择、城市重要功能的布局、土地开发强度的控制及空间环境品质的精细化设计等途径，全面提升城市空间的安全品质和安全体验，成为城市安全总体规划与建筑安全防灾设计之间的重要过渡。

四、动物包容性城市设计理念

以生物多样性为代表的支持服务是生态系统服务功能的根基，然而现有的城市设计策略与生物多样性保护的融合非常有限，近年倡导的“海绵城市”“低碳城市”“公园城市”等策略也往往聚焦于城市水、能源和交通要素及游憩、整体生态效益层面，较少涉及以生物多样性为核心营造与提升城市生境系统。

（一）概念

动物包容性城市设计是在空间规划设计视角下探索城市建成环境内生物多样性保护的新路径，将生物多样性保护纳入城市设计的决策程序，寻求如何同时满足动物和人类的生存发展需求，关注在城市空间尤其是高密度建成环境中建设与营造新的栖息地的可能性。一般程序为：在专家和多方利益群体的参与下确定适合于当地生境系统的目标物种，并对目标物种的栖息地和生存需求进行实地调研，开展动物包容性城市设计研究和实践，以实现城市人居环境发展与生物多样性保护共生的设计目标。该概念中的动物指城市野生动物，而宠物、家禽、家畜及动物园中的迁地保护类动物则不属于其探讨范畴。除了动物包容性城市设计，也有学者提出生物多样性敏感型城市设计、动物辅助性设计等概念。上述概念具有相似的目标，但动物包容性城市设计兼顾中观尺度下的城市设计策略与微观尺度下的方案生成，具有更系统化的概念框架、设计程序和更广泛的实践适用性。

（二）设计尺度

动物包容性城市设计适用于中观、微观尺度，可依托城市设计和公共空间设计项目开展实践，具体设计载体多为城市建成环境中人工与自然构造的结合体，如生态湿地、建筑立面、城市公园、社区公园、社区共建花园、屋顶花园、雨水花园、绿道、碧道等。这些空间与城市建成环境和居民日常生活关系密切，是高密度城市和快速城市化地区常见的绿地空间，尺度适宜且易于进行生态改造，兼具生态和社会服务功能，便于多方利益群体参与策划和实践，是开展动物包容性城市设计的理想实验场所。因此，中观、微观尺度与动物包容性城市设计的概念框架和应用路径匹配度高且可实施性强，而宏观的城市与区域规划尺度则更适宜与中长期规划和行动计划相结合。

（三）设计策略

1. 目标物种选择方面

选择合适的目标物种是动物包容性城市设计的首要环节，应兼顾物种特征和人类需求做出决策，遴选出当地生境系统能支持的物种类别，并将目标物种需求作为总体统筹和空间设计的依据，以达到维持或扩大种群数量的目的。目标物种选择的总体原则是生态有效性、社会可持续性和对于城市未来发展的适应性，在数据库支持、专家评估、多方利益群体参与的共同作用下完成目标物种的遴选。具体选择策略与程序包含构建区域物种库、识别物种空间分布格局、构建地方备选物种库、物种分级选择、确定目标物种等，分别归属于生态学和社会文化视角。

2. 目标物种生存与城市发展共生方面

共生策略主要包含四个阶段。

（1）前期分析与总体策略制定阶段。要考虑目标物种的生命周期和栖息地发展潜力，制定因地制宜的总体策略；要统筹生物与人类的发展需求，确定生物多样性保护目标。

（2）细节规划与设计阶段。保护并营造栖息地，促进种群数量增长和物种扩散。营造绿色游憩空间，提升人类与动物互动的可能性。

（3）建设与实施阶段。要促进自然生态过程，减少人为干扰；注重空间使用的便利度和舒适性。

（4）使用后监测与评估阶段。生物多样性与栖息地状况的使用后监测与评估是动物包容性城市设计的重要环节，涵盖生态、社会和经济三个层面。生态层面主要评估项目建成后的生物多样性和栖息地状况与目标的差距，并预测达到目标所需的时间跨度，因为目标物种从迁入到定居需要一定的时间周期来完成。社会和经济层面主要评估项目建成后面向周边居民的社会文化服务功能（如游憩和健康效益）、对于商业发展的促进作用和为开发商带来的经济效益。

第三节　现代城市设计方法

一、考虑人性化因素

进入新时代，中国城市的发展已从外延快速扩张阶段转向内涵提质增效阶段，对城市高品质空间的需求日益增强，因此需要在城市规划建设中，更好地落实以人民为中心的发展思想，不断增强人民群众的获得感、幸福感、安全感。在宏观政策背景之下，以人为本的城市设计编制思路也成为新时代的诉求，从注重空间美学到城市特色，再到关注人与城市形体环境的关系和城市活动空间的营造，人本视角下的城市设计研究具有重要意义。

我们以人对城市空间的需求感受作为根本出发点，从而寻求满足这一需求的城市空间形态及组织方式，在需求行为研究、空间特色认知、活动网络构建、功能体系组织、建设实施进程等多个方面制定可行的技术方法与设计策略，探索人本视角下城市设计框架构建与内涵表达。

（一）考虑人群的需求和行为

城市设计的核心价值在于人，是人的价值观与愿望在空间的实现，更加强调人作为空间参与主体的感知体验。对人群需求与行为进行详细测度研究，是人本视角下开展城市设计实践的必要前提和必备要素。科研工作者一方面专注研究，讲求效率，重视时间与空间高度混合，需要配置便捷的通勤与生活服务设施；另一方面，强调跨专业协作与沟通，增强各类交往空间对外交流频率。他们拥有理性与感性兼具的精神世界，乐于接受新鲜事物，追求个性化需求的满足，也亲近自然、热爱自然，从艺术文化中汲取创新灵感。

（二）活化人群功能体验

群体与个人的活动网络构成了城市的深层结构，它表征于城市功能，也是城市具有活力的真正原因。当今多元交织的生活方式对城市功能的存在形态提出了新的要求，我们从人的生活特性而非指标的界定入手，研究不同功能的需求程度、需求频率，通过不同尺度的复合策略完成科学城的功能组织。以主导功能用地兼容性与多功能用地作为条件保障，建立城市、街区、街坊、楼座四级复合体系，分层次谋划城市功能的复合。每个尺度层级都对应着不同的复合节点及组织模式，与科学城空间结构高度耦合。复合功能体系的搭建不仅提供了一个可以整合激发其他可持续要素的可行框架，如紧凑发展、公交导向、开放街区和多样性等，充分响应不同人群、个体对于城市功能的使用需求，也明确了不同尺度下复合功能开发的设计策略与基本空间模式，为建设开发做出引导。

（三）强化空间特色认知

人既是空间特色的创造者，也是空间特色的认知者。建立宏观层面的空间特色认知，有利于塑造鲜明的城市空间形象，引导空间体验，使城市有形和有神。通过对自然山水、历史人文、景观风貌等特色资源的归纳与总结，提炼城市空间特色理念，在人的可达性、观赏度、感知度等方面强化空间特色，与城市设计各项系统充分衔接，从而确保空间特色意图在设计过程中的贯彻落实。

（四）资源整合创新实施

作为长期身处一线的工作者，在城市化进程中，面临最重要的问题就是如何更有效地推动城市的建设。因而当代的城市设计已不限于对形体环境的设计，还应包括对城市开发与实施过程的制定。这就要求我们从建设实施的角度考虑城市设计问题，深度参与实施阶段的动态协商与优化调整工作，维护公共意图，谋取多方共识，这也是现阶段实现人本设计的重要工作方法。

（五）建构多维活动网络

环境、服务与个人的时空关系，是我们关注的重要体验。作为城市演变史上的经典尺度，也是近年来被广泛提及的生活圈，我们将 15 分钟步行可达的范围定义为人获取舒适空间和综合服务的基本单元，5 分钟则作为获取便捷服务的尺度。应当注意的是，其内涵不仅局限于物理层面，不是用地界线与服务半径的代名词，而是具有时间范围、空间范围、认知范围和功能范围等多层含义的概念。在科学城中，采用 5 分钟、15 分钟的步行尺度组织城市空间，将人的体验渗入城市肌理之中，构建密集交织的城市活动网络，实现城市服务要素的有效供给，在一个较为舒适的尺度下把人获得高品质生活要素的行进距离做到最优化，体现出更为复合、舒适、人文的设计语境。

二、老旧街区改造的方法

（一）使老旧建筑实现重构

在旧城区改造中的整体城市规划设计中，需要重视对旧城区的整体规划布局改造工作，在准确掌握和了解空间布局的情况下，开展对应的城市设计工作，同时确保改造工作能够更加合理、有效地开展，提升旧城区在布局上的合理性。首先，可以通过对旧城区在城市中的功能结构、城市功能区及土地资源实施调整，保证布局的合理性，即在实际的城市设计中，需要保留城区原本在城市中的具体功能，对设计工作进行完善，设计出更加合理的旧城区空间结构规划方案。这样不仅能够保留原有的城区功能，提升人们对于改造工作的满意度，同时也可以确保城区在功能上不发生改变，最大限度降低改造工作对其城区生活正常运行造成的影响。其次，在城市设计中，需要充分考虑和尊重历史长久发展过程中遗留下的各种产物，尽量保留当地原本的历史内涵。针对旧城区中建筑重构后形成的创新，主要包括两层含义，即将一些比较老旧的建筑通过搬迁的形式直接转移到历史大环境中，并且对这些建筑原有历史地段开展重新构建，凸显出旧城区改造的创新性。通过对单体老旧建筑进行重新构建，体现出建筑自身的记忆和特色，进而形成全新的历史地段空间。例如针对旧城区中的一些历史性建筑物，不能进行推翻或者重建，而是需要充分利用旧城区改造中基础设施建设成果，实现对历史建筑的修缮，保护建筑的历史价值。同时，还可以对一些具备纪念意义和价值的建筑进行保留，结合分区改造的形式，将建筑的功能进行改变，促进当地经济发展的同时，能够保证城市环境变得更加优美、和谐。

（二）注入全新建筑主体

在社会快速发展的今天，旧城区改造设计中，不仅需要保护好对应的历史建筑、文化特色，同时也要在设计中注入全新的活力，建造一部分全新的建筑主体，保证改造后的城区能够符合现代化社会发展形势，与城市的整体规划要求结合在一起，使旧城区能够成为城市发展的主力军之一。具体来说，首先，在实际的设计中，需要准确对旧城区改造后的定位进行明确，明确其在未来的发展方向。如针对一些历史比较悠久的地段环境，可以在分析和掌握地段内部复杂情况的基础上，通过自上而下、开放、循环的设计过程，使用全新的设计方法，将新建筑融入旧街区中。这样不仅能够将全新的内涵赋予旧城区空间，同时也能够实现对空间形态的全新塑造，带来比较好的创新效果。其次，在设计中，需要实现对住宅建筑的规划设计，基于人性化房屋建筑设计的要求，将建筑的采光情况等考虑到设计中，同时及时地对旧城区中各种生活设施进行完善，如给排水设施、通风系统、消防系统等。此外，按照安全性的要求，需要对旧城区中的监控系统进行完善，例如可以在旧城区中的工厂中，对监控系统进行改造。同时，引入全新的监控设备，24 小时对城区的街道情况进行监控，为人们的人身安全、财产安全等提供保障。

（三）对整体构成形态进行创新

不论是旧城区改造城市设计还是普通的城市设计工作，都需要在充分考虑当地文化特色的情况下开展。只有这样才能够在保证突出区域文化特色的基础上，保留其具备的文化价值，为城市整体特色更加突出提供一定支持。具体来说，首先，由于构成老旧街区的元素是多种多样的，在实施整体形态设计之前，需要对历史地段进行综合解读，分析和了解历史地段的“来龙去脉”，并且应用各种创新设计方法，针对性地对其中部分区域开展创新设计。以此保证在延续城市肌理的同时，形成一种全新的区域格局和空间模式，赋予旧街区全新的功能和内容，使整个街区能够实现比较大的突破与创新。其次，在实际的设计中，可以通过概念化原理开展设计工作，实现对旧城区的改造。即优先考虑建筑所处的场所，按照城市的发展历程，结合人性化设计理念，在减少占地面积的基础上，确保建筑具备良好的舒适性、实用性和美观性。

第三章　城市景观规划设计

本章内容讲述了城市景观规划设计，主要从四个方面进行了介绍，分别为景观规划设计概述、景观规划设计要素、景观规划设计方法、城市景观类型及规划设计。

第一节　景观规划设计概述

一、景观设计

（一）景观设计的概念

景观设计是指包含自然景观元素与人工造景元素的一种综合性空间设计，其中自然景观元素主要指自然风景，诸如山丘、古树名木、石头、河流、湖泊、海洋等。人工造景元素主要有文化古迹、历史遗址、园林绿化等。景观设计如今主要作用于城市公共空间的景观营造，通过对城市公共空间进行科学合理的景观设计，在增添公共空间活力的同时，对原有城市区域进行环境优化，提升活力与竞争力，满足周边居民的日常生活需要。构建系统化、和谐化的区域景观体系及秩序化的区域空间形态。

（二）当代城市景观设计

当代景观设计在城市发展的新需求中确定自身的新的设计标准和设计原则，同时还要在本质上，体现当代景观的艺术性、文化性及功能性，景观设计的发展在现代城市中也是极为重要的主线。作为设计学科门类，景观设计涵盖的知识领域较为广泛：从宏观上看，是源自城市经济、政治、文化、社会等各方面相互作用的表现，是城市发展中对环境的反思性认知和集体性改善；从微观上看，是人们赖以生存的生活环境、工作环境的需要，城市的高速发展带来生活质量的提高，人们对于绿色环境也有了更高的要求。

景观设计作为当代城市建设的重要部分及人们的生存环境，其发展也是随着城市的现代性、结构性及特征性的变化而变化的。我国不断强调文化的作用，带领中国城市不断追求和体现自身的文化和特点，新中式景观设计的产生是大势所趋，但是如何发展和继续新中式景观设计在当代城市中的脚步，这是目前景观行业面临的机遇和挑战。

（三）景观设计的理论

1. 景观设计学理论

随着中国经济、文化及人们思想观念的不断转变，景观设计在本身发展的道路上逐渐成为一门学科和技术——“景观设计学”。景观设计学是从近现代慢慢逐渐发展起来的，其历史积淀不同于园林文化的深厚，即使如此，景观设计学从发展开始至今所要阐述的设计理念和设计方向都在理论与实践方面得到稳步地拓展。经过时间的积淀，景观设计学与其他学科如社会学、建筑学、植物学、生态学等之间的相互结合，也充分说明了景观设计学具有很强的包容性和交叉性，各学科之间相互补充，将园林设计的前期规划、组织布局、设计规范及生态维护等方面进行整合分析，为当代城市景观设计提供了科学的理论基础和设计思想。当前，中国正在强劲发展中，也是“促使城市园林与乡村景观协调发展的重要时期，全球化、城市化及物质化的发展趋势给园林行业带来巨大挑战和机遇：文化定位及身份问题、精神文化信仰的回归问题及资源与环境发展的冲突问题等。”① 景观设计学的理论研究在一定程度上表明园林可以协调城市发展过程中的自然与生物系统，历史文化与精神风貌的发生，并为景观设计的不断发展提供理论指导和支持。

2. 景观都市主义理论

“景观都市主义”是 20 世纪末产生的一种新的景观理论，是由加拿大理论学家查尔斯·沃德海姆（Charles Waldheim）于 1997 年提出的“lanscape urbanism”中演绎而来的，经过多年的不断深入和发展，其理论基础已趋完善。其定义：“它描述了城市建设所涉及的相关学科先后次序的重新排列，即景观取代建筑成为当今城市的基本组成部分，景观已成为一种透视镜，通过它，当今城市得以展示；同时，景观又是一种载体，通过它，当今城市得以建造和延展。”② 景观都市主义

① 俞孔坚 . 生存的艺术：定位当代景观设计学 [M]. 北京：中国建筑工业出版社 .2006.

② Charles Waldheim.Lanscape Urbanism Reader[M].New York：Princeton Architectural Press，2006.

理论主要是对当代城市发展陷入困境，而由此引发对景观设计的本质、方式及价值等进行重新思考，分析当代城市中景观形成的条件和要素，并以此综合得出当代景观发展的新形式、新手法及新的设计系统。在复杂的城市发展背景下，景观都市主义为面临不断发展变化的城市提供积极应对的理论基础和方法，也能够为当代的发展提供一定的理论基础和设计思想。

3. 景观美学理论

景观美学是人们将日常生活中的审美意识与景观形式相结合得出的一种美学认识，这种美既来源于自然，又高于自然，景观美中自然因素和社会因素缺一不可。我国儒学思想家孔子认为感性享受的审美愉悦应与道德的善统一起来，即尽善尽美，此外孔子还提出了“中庸”的美学批判思想，要求将对立的双方统一起来，最终得到和谐统一的美。因此，在进行景观规划设计时，应该将日常生活中对美的吸收和理解，转化为对植物景观及小品景观等的表达，且应使各要素之间和谐统一，产生和谐美。对于设计中的一些为了“生活美”而设置的令人“可观、可行、可游、可居”的景观建筑小品，都应注意在不破坏自然美的前提下，通过科学的表现手法，使其为自然增色，创造更加具有美感的滨水景观。

景观美学与其他的美学之间存在一定的共性与个性差异。景观美学同其他的美学一样，都是艺术工作者按照客观的美学规律和特定的审美观念所创造出的产物，都是现实美的集中和提高，这是景观美学与其他美学之间的共性。而景观美学与其他美学的区别就在于，景观美学是更接近自然的美学，体现了人类对自然既征服又保持和谐一致的这种辩证统一关系的态度。

景观美的特征具有多元性和多样性，主要表现在历史、民族及时代性的多样统一。景观美作为一个现实生活的境域，在营造景观美时必须借助物质材料，即自然山水、树木花草、亭台楼阁、假山奇石及物候天象。因此，景观美首先要表现在景观作品的实体形象上，构成自然美。

同时景观美又通过借助山水花草，通过运用巧妙的营造手法和技巧，来传达人们特定的思想感情，这便是景观美中的意境美。这就引导我们在设计过程中，将景观营造与意境的营造相结合，使人可以通过对景观的欣赏，产生联想，以此来达到景观与文化融合的效果。

景观艺术还离不开社会的限制，用来表达人特定的思想倾向。例如，法国的凡尔赛宫，它的布局严谨规范，受到了当时法国古典主义的影响，象征了当时君主政治至高无上，这就是景观美中的社会美。

景观美作为一种现实的物质生活环境，必须使景观布局能够给人们在游览时带来最大的舒适度。首先，应做到空气清新，水体清洁，空气与水体中没有异味和病菌，等等，良好的卫生条件是景观美的前提。其次，还应该具有令人舒适的小气候，既要有一定的水体和广阔的草地，还要有能够用来庇荫的密林，使空间中的气温与湿度都能达到理想的要求。此外，还应注意避免噪声产生的干扰，要做消音和隔音的处理，使景观环境中各种声音，如风声、水声、鸟声、虫鸣声等都做到和谐统一。我国对于景观环境有一种理想境界，即“鸟语花香”，因此，将芳香类植物运用到景观环境中不仅能够达到经济效益，还能够使环境更加优美宜人。另外，植物还是构成环境的重要素材，必须使植物茁壮生长，再通过合理的植物配置、整形、种植设计，营造植物的自然美感。

在处理景观环境的生活美时，还应注意要有便捷的交通、完善的设施、广阔的活动场地、安静游憩的场所、体育活动的设施及各种演艺、展览等。在自然美方面，必须巧妙利用自然界中的山川草木、日月星辰、虫鱼鸟兽等自然要素组成景观构图。在艺术美的运用方面，物体的色彩、形态、线形、明暗关系、静态空间的组织和动态空间的节奏，都是景观形式美的重要因素，在处理景观环境中这些不同的美时必须将其作为一个整体来考量。

二、景观规划设计

（一）相关概念

1. 景观规划

城市景观规划指利用景观学的相关原理，对城市内部景观进行有效规划和管理，为城市景观提供从全局到个案、从近期到远期的总体性规划，以满足人们现实生活和精神审美的需要，促进城市景观体系良好形成。在进行景观规划时要将景观作为整体进行分析，充分考虑人与自然环境、人与社会、人与资源的内在关联，使城市规划和谐统一。随着人们对于高品质生活的追求，环境保护越来越受到人们的重视，园林景观在城市绿化中的地位也越来越突出，因此要积极加强城市园林景观规划和设计，改善城市气候，充分提高城市景观规划的生态效益和社会效益。

2. 景观规划设计

景观规划设计由弗雷德里克·劳·奥姆斯特德（Frederick Law Olmsted）于1858年提出，是一门人文自然与艺术设计高度综合的学科，涵盖面非常广，更加强调了人们的精神文化需求，主要面向广大人民群众，体现文脉精神传承与人文主义关怀，为人与自然和谐共处做出了极大贡献。

景观规划设计的理论主要是研究景观感受、生态环境、人类行为及相关历史文化与艺术这四个层面的问题。基本原理主要包括生态学、景观美学、环境心理学及人体工程学，景观规划设计追求人类需求和自然环境的相互协调，故而景观规划设计应遵循生态学、美学、环境行为心理学及人体工程学等方面的基本原理，创造以优美宜人的户外环境为主的人类聚居环境。

景观规划设计就是实现美好理想的创作过程，是将整个景观场地规划成一个具有共同性质的空间，通过将场地合理划分成几个部分，使每个部分都具有一定的功能性且能够起到美化的作用。景观规划设计从选择场地开始就应该有一个最初的设想，而后再进行深入的调查研究，在调查的基础上进行分析和构思。在掌握现场自然和社会资料的基础上进行综合的分析，最终形成构思方案，利用图纸和文字表达出来。景观规划设计首先应该以生态和艺术理论为基础，在满足功能性的前提下，还要考量资金、科技、施工技术等条件的限制。发现深层次需要的资源和灵魂，以此为轴展开地块的规划设计。

适用、美观、经济是景观规划设计中一项重要的原则。适用即满足广大人民群众的需要，也就是功能性的需要；经济是投资、造价、养管成本，在地形地貌的处理上要因地制宜，节约成本，要充分利用乡土树种，降低养护管理的成本；美观就是在布局和造景艺术等方面应充分反映人们的思想情感，利用合理的布局和巧妙的造景艺术使人感受到心情愉悦、流连忘返。以上三者的关系是辩证统一，相互依存且不可分割的，在不同的设计情况下应有所侧重，使其协调统一。

（二）景观规划设计的作用

城市景观在整个现代中国城市建设中已经占有非常重要的应用地位。首先，基于一个城市自身不同地域区位特征的城市景观规划设计方案可以有效美化整个城市，改善整个城市生态环境和城市风格，更好地有效保护整个城市生态环境。生态景观城市建设可以有效改善整个城市的自然环境，增加整个城市的生态绿化覆盖程度和城市生物资源多样性，进一步改善整个城市的自然生态环境和城市空气质量，对维持整个城市的自然生态平衡发展具有重要指导作用。同时，城市景观规划设计还有政府服务社会大众的重要职能，良好的城市景观规划设计不仅能够为城市居民自身创造良好的日常居住生活环境，满足社会公众对于城市景观的各种需求，对于城市居民日常生活环境质量的不断提高也能够起到十分重要的促进作用。

三、园林景观设计

（一）概念

园林景观设计是一个综合性概念。首先，园林景观设计需要学习园林景观美学，美学则是需要通过建筑学、经济学、美学、心理学等学科共同研究，进而规范园林景观艺术发展。园林景观设计属于园林景观艺术的一种，对规范园林景观的建设有重要意义。园林景观设计中需要注重融入风景设计，需要融入环境和人文参数。同时，园林景观设计要考虑到地质环境和艺术风格，打造特色园林景观。

园林景观设计在我国拥有较长的历史，根据传统的园林景观设计，主要是对湖水、河水、植被、村落等进行有机组合和绿色处理，使园林景观与村落交相辉映，一方面达到绿色生态的目标，另一方面，通过构建良好的自然环境给村庄的居民提供更适宜的生活环境。同时，部分园林景观在设计过程中会对村落中的建筑物进行改造，以便更符合现代园林景观设计方向。

（二）作用

1. 能够改善自然环境

城市园林景观设计能够使整个城市环境得到优化和改善。在进行城市景观设计时将花草树木作为设计重点，对花草树木进行科学规划，能完善城市内部空气循环系统，还能有效调节城市内部的空气温度，减少噪声，吸收污染、有害物质。科学规划和管理城市花草树木，不仅能美化城市环境，还能有效调节居民精神状态。

2. 能够促进经济发展

城市园林景观设计作为城市景观设计的重要组成部分，有助于营造良好的生态环境，增强整个城市的外在吸引力。美丽的城市园林景观可以成为一座城市的名片，提升城市规划设计的整体效果，推进城市物质文明和精神文明建设，确保城市生态系统实现良好发展。

3. 能够展现城市文化

对城市的发展进行全方位的梳理，明确城市的文化体系，然后对城市园林景观进行科学规划，将雕塑等景观设计进行集中展示，能充分展现一个城市的文化和精神，影响城市居民的精神面貌，并吸引游客了解城市文化。

（三）特点

目前相关研究对园林景观设计特点分析的不多，也反映出目前我国在园林景观设计领域的研究比较匮乏。从众多文献中总结来看，园林景观的设计特点需要从不同的层面进行理论分析。首先，从现代园林景观设计风格看，园林景观设计要融入现代人工设计与自然形态，将二者进行融合；其次，园林景观设计需要注重生态环境和资源保护，具体包括土地面积、地域环境、植被、山水等的利用，在此基础上做好园林景观中土地的规划工作；再次，园林景观设计必须注重人的行为和人文环境与园林艺术的融合，园林景观设计不是单纯的建筑物堆砌，必须注重历史文化环境的融合和构建，使园林有所处地域的特色生命力，这也是在园林景观设计中的精神内容的融入。在现代园林景观设计中需要注重传统园林景观设计元素，这也是对传统艺术文化和艺术设计的追求，同时也需要融入现代设计理念，以推动园林景观设计更好地发展。

（四）应用策略

1. 创新设计理念

园林景观设计的最终目标是造福人民，所以在进行园林景观设计之前，必须要了解人们的实际需求，创新设计理念，从而为人们营造适宜的生活环境。要坚持以人为本的设计理念，满足人们的需求，注重增强景观的审美性。在进行园林设计时要充分遵循可持续发展的理念，结合当地的特点，对园林景观进行全面的规划与设计，构建具有特色的多元化城市，促进人与自然之间的有机融合。

2. 提高设计人员水平

园林设计与设计人员的自身经历、设计理念有明显的关联。不仅要对城市园林景观设计人员加强培训，使其全面掌握设计方法，创新设计方法，还要提高园林景观设计人员的薪资待遇，满足园林景观设计人员的需求，从而吸纳更多优秀的园林景观设计人员。

3. 构建城市园林生态系统

在城市园林建设中，部分城市不顾土地自身条件，大面积建设绿化广场，这样的人为景观会使原有的生态系统受到破坏。因此，在规划城市园林景观时，需要尽量保护原有的生态环境，科学种植植物，加快改善生态环境质量，通过园林设计，实现各种植被的科学布置。在进行城市园林景观设计时，需要充分考虑园林设计的个性化、多样性、综合性的特点，注重突出城市历史文化特色，确保整个城市园林景观规划具有文化内涵和审美性。此外，进行园林景观设计时要保证绿化设计和整个城市规划协调一致。

4. 注重设计风格的差异性

城市园林景观设计能够反映一个城市的整体文化和风格。在城市园林景观设计日趋同质化的今天，必须要充分考虑差异性原则，对城市园林景观进行个性化设计，展现城市独特的文化，使园林景观具有独特的风格，并发挥其实用功能。

5. 与城市历史文化相结合

在城市园林设计过程中，需要尊重城市发展的内在规律，必须要尊重历史、保护历史，不能随意践踏历史文物，在设计的同时要对历史建筑加强保护，构建良好的城市文化形象。将城市历史文化与园林景观设计相结合的过程中，要尽可能贴近人们的现实需求，打造独特的历史文化名片，增强城市的吸引力。

四、景观规划设计理论基础

（一）景观生态学理论

近些年，景观生态学在景观设计中被广泛应用，已成为现代景观发展的大势。景观生态学研究内容包含景观系统、要素、结构、尺度、价值等多方面。从科学技术研究的程度上来说，景观生态的评价、规划和模拟一直在我国景观规划设计中占据主导地位，其次就是景观的格局、生态进化的过程和大小的尺度、景观生态的保护和自然资源恢复。斑块—廊道—基质这一理论模型在景观设计中得到了广泛的应用。

（1）斑块

斑块的尺寸、数量、形态、格局等因素会对景观中的生物多样性、完整度等方面造成一定程度的影响。一般而言，斑块越巨大，生境的变化就越丰富，物种的生态多样性发展水平就会随之加快，这就给一些只能在较大的斑块中发展起来的特殊物种提供了一个安全的生境和避难所。小的斑块相对来说不利于物种多样性的维持。单位地域面积上的斑块个体数会直接影响景观的完整性，边界线弯曲，有利于与其他外界之间进行各类动植物的传播和渗透。

（2）廊道

廊道是一种线性结构，可以直接连通起较为独特的景观要素，对于景观而言产生通道与阻隔的双重影响。在进行物种交流、迁移与生存过程中，廊道发挥了很大的作用。根据其功能与景观环境的要求，廊道大致可以划分为河流廊道、种植廊道、道路廊道三种形式。河流廊道由河流相互连接的各个湿地斑块和河流中的植物所组成；种植廊道由各种植物构成；道路廊道在景观设计中是连接各个景观的必备元素，需要充分考虑到它们对于生态的影响，尽量减少对人类自然环境和栖息地的干扰和破坏，并且能够保护物种的安全和健康。

（3）基质

在斑块、廊道、基质当中，占地面积最多的一种景观因子就是基质，它的持久性好，分布范围广，对于景观的控制功能作用也较重要。它由若干个景观因子组成，是景观斑块的背景生态系统。

（二）生态可持续发展理论

景观设计应遵循可持续发展的理念，保证城市环境的健康与多样性发展，合理地进行开发与设计。此外，还要充分结合地域特色，保护当地的传统文化，从而促进人和生态相互包容、互利共赢，实现生态的可持续发展。可持续景观主要特征有以下几点。

（1）生态系统的复杂性和再生平衡

可持续景观设计是由多种复杂体系构成的，包括水、材料、土壤、植物及文化，它们之间相互联系、互相影响。例如，场地选择，不同的铺装材质会对植物等造成一定的影响；植物的选择和设计会影响场地的相应功能及雨水的利用等；雨水管理也需要植物和土壤来促进改善。因此，促进它们和谐共生和相融对于可持续景观设计非常重要。在设计中要减少对原有生态系统的破坏，维持生态平衡。合理规划原有设计场地的生态格局，充分利用原有的资源，不过度开采，营造场地良好的生态系统，促进场地的可持续景观营建。

（2）资源的可再生循环利用

可持续景观是可以自我更新的生命综合体。地球资源是有限的，提高对水资源、土地等其他资源的使用效率，尽可能地减少资源消耗，合理利用废弃土地的原有植被及其他废弃物。使用生长快、适应性强的乡土树种及耐旱的植物，能更好地发挥其生态功能，促进景观可再生。也可以减少植物灌溉的用水量，节约水资源，合理的景观设计可以对雨水进行收集并再次使用。废弃物的合理利用，使资源进行可再生循环利用。景观材料中除了选择原有场地材料或本地材料，减少资源消耗，也要使用对景观的可持续发展起到促进作用的材料，如透水铺装和环保且抗压性较强的木材。整个可持续景观的生命周期是要形成一个闭合的系统，且整个生态系统能不断地自我更新和循环再生。

（3）文化特征

景观中的一座雕塑、植物的种类都能体现一定的地域特征。而当地的历史文化在景观设计中的充分体现，对于整个景观设计更有价值，给人们带来精神上的满足。文化与景观的融合，可以使人们在看到景观的同时，也对城市的文化底蕴有了一定的了解，具有一定的科普功能，对于城市的可持续发展有积极的作用。因此可持续景观设计融入当地的文化来进行设计非常有必要。

（4）场地的多功能性

可持续景观场地应该具备多重的功能，避免较为单一的场地空间，既能满足人们的各种活动需求，也能创造良好的环境价值、社会价值、经济价值及美学价值。通常情况一个场地不是只具备一项功能，而是有主要功能和次要功能，可以发挥出场地的多种作用，创造出积极的活动场地空间，给人们提供不同的活动方式。

例如，植物的选择，要考虑到缓解此地雨洪、不同地形及审美的要求等，一些小道旁可以选择种植一些浆果等来食用；雨水和污水如何收集、净化，用于植物的灌溉或生活中用水；设计下沉式的多功能休息空间，铺装选择可透水材料，可以滞留暴雨带来的雨水，这种多功能的场地使用，提高了土地的利用率，成为一处积极的活动空间吸引城市中的不同人群，同时将促进场地生态环境价值的充分发挥。

（5）感官上的美好体验

可持续景观设计既要维持良好的生态环境，又要给人们带来感官上的美好体验。景观给人的感官体验既愉悦又美好，这对于人们日常生活的身心健康发展有很大的帮助，可以使人们越来越关注自然中的生态环境，可持续景观设计能潜移默化地向人们展示自然的进程，加强人与自然的联系，对人与自然的和谐相处是非常重要的。

五、风景园林人性化设计在景观规划设计中的运用

（一）风景园林人性化设计的含义

风景园林景观是城市景观规划的重要组成部分，良好的风景园林景观设计不仅可以协调好城市与环境之间的关系，也能够为民众带来更加良好的居住体验。从当前时代发展视角来看，健康、环保成了时代的主流，因此风景园林设计必将成为未来一段时间内城市化建设的内在需求。

风景园林人性化设计的核心是“以人为本”，要求相关设计者在进行整体设计时需要首先对所在城市居民的真正需求特点进行分析，并结合当地的文化特色、自然环境等多种要素，真正达到人与自然的和谐，使所在城市居民宜居乐居，人在城中美、美在城中居的目的。

（二）风景园林人性化设计作用

1. 实用性

新时代背景下，绿水青山就是金山银山。而在城市景观规划中对风景园林人性化的设计就是遵循这个理念，为人们提供绿水青山式的人性化风景园林设计，在设计中可以大量种植绿色植物，使整体环境更加宜人宜居。同时，风景园林的设计也不能只注重表面工作，而忽略其实用性，在设计时要充分从人性化的角度考虑。例如，在设计风景园林时要设计提供人们休息的场所，放置相应的运动器材，以供平时的休闲娱乐；同时，也要为特殊人群设置绿色通道，充分考虑到人们的需求，为城市风景园林打造优质的社会环境体系。而人性化设计的最终目的也是如何服务好每一个人，在既满足这部分需求的同时，也要在其他方面提升，例如风景园林设计如何富有创意，吸引人们前来游玩参观。在设计的同时也要考虑到不同人群的不同需求，风景园林设计时应及时划分好各个区域的规划图，对整体区域进行分类划分，让人们能够及时了解到每个区域不同的功能组成，根据自己的喜好选择相应的区域进行活动。在风景园林设计中，要强调材料使用的质量，在选取材料上要进行严格的质量把关，要全面加强材料的耐久性，确保人们在使用过程中具有安全性、保护性，保障自身安全的同时也能保护好风景园林中的设施。

2. 需求性

风景园林人性化设计在城市景观规划中具有重要意义，对于设计也具有更高的要求，风景园林人性化设计要时刻与城市的进步发展保持一致，以展现人性化设计在城市景观规划的重要意义，从而逐步促进城市的发展，提升城市的整体水平，设计人员要合理统筹、合理规划、因地制宜地进行风景园林的设计，确保满足城市居民的需求。在前期的设计规划中，设计人员要研究制定好风景园林设计的总体方案，以更好地满足人们的需求，还要充分根据建筑区域的实地环境将周围的其他设施包括路面、绿化、排水等综合元素充分统计到设计中来，确保其满足城市居民的需求，逐步带动城市生态环境建设的良好发展，在目前的城市景观规划中，风景园林设计在满足居民需求上是重中之重，要持续不断地维护好生态环境。风景园林设计在城市中起到美化环境的作用，目前越来越多的人涌入城市中寻求发展，城市内部的绿化逐渐减少。为此，要全面做好风景园林的绿化设计，使风景园林成为小型的城市天然氧吧，不断为城市居民创造健康环保的生活环境。

3. 协调性

风景园林的规划要与城市融为一体，就要具有整体协调性，整体协调性好的风景园林设计更能得到人们的喜爱，然而现在多数的园林景观并不能协调好整体性，不能将设计很好地融合到城市规划中，严重缺少美观性和人性化。要想及时将两者融合进来，就要充分考虑到城市的整体规划及周围环境，根据环境来设计风景园林的主旨，有效合理地规划绿植、娱乐、水域建设，设计好风景园林的绿化覆盖面，合理掌握整体与城市规划的协调性，不能让整个设计在城市中显得突兀，确保与整个城市环境融为一体。要对风景园林的主题有明确的风格设计目标，适当考虑到周围建筑的设计主题，以此为目标去探究风景园林的设计理念，让风景园林设计融入城市景观规划中，让城市居民满意。对于风景园林设计的协调性，要明确风景园林景区各个区域的划分，提升风景园林的亮点特色，在对风景园林进行设计时，要着重关注到今后的发展路线，要保护好风景园林的良好环境，注重其长久地为人们提供舒适的生态环境。

4. 细致性

要想做到风景园林人性化设计，就要做到细致入微，任何细节上的规划都会影响整个风景园林的规划，所以在设计时不仅要注重人性化，也要注重细节构造。道路的设计规划，要充分综合附近人员的流动性，对风景园林中的道路进行周密的规划布局，灵活地设计道路，让人们能以最快的速度到达目的地，还可以有效防止人流拥挤，避免踩踏事故的发生。要注意道路的宽窄程度，避免道路的宽窄不平衡，影响城市居民对风景园林的感受，设计出合理的宽窄程度，满足城市居民的休闲娱乐体验，形成良好的赏玩体验。在计算好道路成本的同时也要保证道路质量合格，保证道路安全性，防止发生道路坍塌的危险情况，让城市居民享受到良好的人性化服务。在选择风景园林地址时，设计人员要充分考虑到地段的合理性，是否会影响附近的建筑及居民，要在合理的地段进行规划，做到方便居民，也要做到与选址地段的建筑风格有效融合在一起。

（三）风景园林人性化设计原则

1. 规范性

规范性是城市景观规划中风景园林人性化设计应该优先遵循的准则。具体而言，风景园林是在特定地域内部进行建设的特色景观，因此在设计过程中一定要充分结合该地域的经济情况、地理位置、人文特色等关键要素，严格遵从该城市在园林景观设计方面的标准和规范。同时，相关设计人员还要注意该园林景观与该城市本土景观风格之间的融洽性。只有这样，风景园林景观才能够真正满足科学化、合理化的特点，进而满足城市风景园林的人性化设计要求，最终真正为人民的生活带来便利。

2. 针对性

针对性也是风景园林人性化设计过程中应该遵循的主要原则之一。具体而言，城市风景园林不仅仅是能够代表城市文化特点的地标性建筑，还承担着满足公共娱乐休闲需求任务的重要公共场所，应该对各个年龄段的群体都具有普适性。因此，风景园林在城市规划设计中需要针对不同年龄阶段、不同行业背景、不同性别人群的使用需求进行全面调查，并充分吸取民众的意见与建议，进而切实为人民群众提供其所需要的服务内容。

3. 舒适性

舒适性也是风景园林人性化设计应该遵循的主要原则之一。具体而言，风景园林如果想要呈现出人性化特点，就需要充分结合大众需求，切实提升人们的使用感。如果想要实现这一目的，风景园林在城市规划设计中就需要不断完善园林中的各类设施，将园林与自然环境之间进行巧妙融合。让人们在园林景观内部能够持续放松的同时，也能够感受到大自然所带来的乐趣。

（四）风景园林人性化设计在景观规划中的融入路径

1. 景观布局合理

前期设计人员要合理确定好风景园林的设计措施，要从细微处着手，让人性化的设计有效融合到整体设计中。同时，为了让前来休闲娱乐的人们感到惬意，设计人员要掌握好风景园林的整体规划，合理有效地安排风景园林的建设。例如，在选择植被上，要选择形式多样且适合当地城市存活的植被并精心种植培育，要经常对植被进行修剪，从细节上提高风景园林的生态环境美观度。在为风景园林配备休息设施时，座椅要充分考虑到质量与舒适性能，不要选取太高或者太矮的座椅，也不要选择材料劣质的座椅，要让人们体验到舒适感；设计人员也要对园区的照明设施进行合理的规划，要设置相应的路灯数，防止夜晚没有路灯照明，影响人们出行安全；合理设置公共卫生间，以便满足人们的需求，让风景园林规划更具人性化。

2. 标识设计要人性化

在注重人性化的设计下，风景园林设计要设置合理、规范的引导标识，用来提示、警示城市居民，可以有效对内部水域等其他危险区域进行管控，使风景园林安全性得到提高。还要设计其他的道路指引标识及公共卫生间标识，方便居民能够及时到达想要去的地方，防止产生迷路或者绕路的情况。同时，设置建筑物禁止攀爬或者禁止乱写乱画标语等，以此来保护风景园林中的设施。人性化的标识更能被人们及时发觉，人性化设置标识要打破传统的标识设计，主要在形状、颜色、字体上使人耳目一新，例如可以设置成各种可爱的卡通形象来对人们进行指引，并配上生动有趣的语言，让园林风景人性化设计时时刻刻在细节中为人们带来便利。

3. 风景园林边界人性化

风景园林人性化的边界处理主要包括以下几点基本内容。

（1）入口的人性化处理：园林景观的入口是沟通城市与园林内部的重要渠道，在当前，部分园林场地存在入口不方便的现象，使得大多数民众只能从草地、围栏等区域进入园区内部。这不仅容易对园林的风景造成影响，甚至可能带来一定的安全隐患。因此，相关单位首先需要解决这一问题，对公园入口进行合理规划，分析人流、环境等因素，在合理的位置进行入口的设置。其次，入口处也是游人交流、休息的必经之处，因此需要设置一定的休息设施为游人提供服务。

（2）园林外边界的处理：常见的园林外边界处理方式包括围栏、绿化隔离带等，其中，围栏具有一定的疏离性，有碍于塑造具备较强亲和力的人性化公共场所，因此这种形式应该尽量避免。

4. 加强人文环境的设计

一个城市的人文环境代表整个城市的精神面貌，设计人员要在风景园林人性化设计中适当加入人文环境元素，不仅要增加城市人文环境，也要把城市的人文习俗和特点有机融合在一起，让人们感受到归属感和文化认知感。风景园林不仅只具有观赏性，也是一个城市的门面担当，要融合先进的文化思想、丰厚的文化底蕴来设计与本地文化相符合的风格。例如，可以在风景园林入口处设置 LED 显示屏播放精神文明思想的内容，或在风景园林区域内设置合理的公益广告投放设施，让人文元素加入公益广告中，增强人们的文化认知感，使整个风景园林区域形成良好的文化氛围，从而推动城市精神文化向上发展，使人们在休闲娱乐的同时，也能更深层次地了解当地的文化特色，提高人文素养，提高城市对外吸引力，从而吸引更多的人来参观风景园林，为城市发展带来良好格局。

5. 充分考虑人的需求和行为

所谓的人性化设计理念就是坚持以人民为中心，为人们谋求更好的生活环境。在人性化设计中，要充分认识到生态环境对风景园林的影响。应在设计时充分考虑噪声影响问题，如靠近学校、居民区或幼儿园，要规划好噪声隔音措施，设置好绿植及隔音景观墙。应该分别针对各类人群，对设计进行视觉上的合理规划，可以将娱乐休闲区域主题设置为明亮的色彩，使人们在休闲娱乐的同时获得身心放松。同时，可根据春夏秋冬不同的节气随时对风景园林进行合理设计，使人们感受到四季的变化，突出不同时节的不同主题，从而融合到城市景观规划中。针对儿童游玩区域，可以设计一些卡通人物或者小动物指示牌来提示禁止破坏草坪及禁止扔垃圾，用来引导教育儿童及家长共同保护好园林景观的生态环境。针对老年人方面，要结合老年人的特点来进行人性化的设计，如老年人行动不便，要为老年人设置轮椅专用通道及相应的边缘扶手设施；设置老年人专用活动场所，例如在老年人活动场所设置象棋、围棋、军旗等适合老年人的休闲娱乐项目。

6. 风景园林设施设计人性化

风景园林设施的人性化设计主要包括以下几点。

（1）道路设施人性化设计：应该重视以下几点主要内容：道路材质的安全性；铺装尺度、大小的适宜性；注重与环境相融合；注重美感的塑造。

（2）信息导向设施人性化设计：标志的完善性；标志的艺术性；标识尺度、位置的适宜性；标志的丰富性；标志的国际性，应该适当采用国际通用符号、文字，保证能够被国际友人理解。

（3）卫生设施人性化设计：卫生设施数量、摆放位置应该符合游客的生理需求特点；在较大的风景园林内部应该设置普适性的公共饮水器，保证各类游客都能够满足自身的生理需求；垃圾箱应该设置在用餐、游客长时间逗留处，这可以防止垃圾乱丢、乱放现象的出现。

六、地域特征在景观规划设计中的运用

（一）地域特征

1. 自然特征

主要表现的自然特征在气候、地理环境、地形和地貌上具有独特的区域特征。景观规划和设计人员应分析自然特征、植被生长环境、水文气象特征、地貌条件等方面的联系。自然特征是景观规划设计中区域特征的重要组成部分，它在环境

中并不是独立存在的，与各种因素密切相关。只有在早期设计阶段有效地准确掌握当地城市自然地貌特征相关信息，才能确保后期的城市景观规划方案设计准确科学。当森林植被覆盖密度提高使小森林区域的土壤温度明显降低时，温度也将在提高植被密度生长中起到相应的控制作用。因此，设计师不仅需要充分注意这些影响因素的内在规律性，强调景观设计艺术作品的实际艺术应用价值，同时它还要注意确保景观对人们的日常居住生活环境也能产生积极的影响。

2. 人文特征

人文景观特征也是城市景观规划设计中体现区域文化特征的重要的组成部分。设计师必须根据整个地理景观环境的独特性对它们进行正确的认识理解，以使整个景观设计能够体现出当地独特的历史文化和具有艺术欣赏价值。中华文化博大精深，本土传统文化源远流长。人文景观特征在城市景观规划项目设计过程中的广泛应用使它可以向社会公众展示独特的地方历史文化风貌特征，并使其传递出具有历史意义的地方文化。景观规划项目设计师在创作艺术作品时，需要对这些具有明显地方文化特色的典型人文景观材料特征进行较为深入的研究，将这些人文材料特征充分融入景观规划设计工作中，使城市景观形成新的内涵。

3. 应用特征

在现在的社会中，城市景观需要有较强的实用性，可以在不同的城市中、不同的时代中体现出其应有的应用价值。纯粹的“花瓶式”景观已经无法满足人们的需求，在不同的地方特色背景下，应充分考虑到城市景观在当地的实用性，才能不断提高人们的满意度。作为设计人员，需要充分了解该区域的特点，做好前期的地域调查工作，将景观自然融入周围环境中，实现人与自然的完美结合，进一步提高景观的综合价值。

4. 社会特征

在我国当前的社会背景下，社会特征是不同文化背景下的各地域所共有的特殊属性。这一特征保证了不同地域的社会成员自发地承担建设的义务及责任，这就使得社会特征成了影响和制约城市景观的重要环节。随着我国城市化脚步逐渐前进，传统的大框架式的古典风景园林已经无法适应现在的环境，在规划内容及设计方法上都与现代城市有所脱节，故研究当前环境下的社会特征，并对其进行设计，有助于建设高质量的城市景观。

（二）地域特征在景观规划设计中的应用

1. 突出自然环境的特点

在城市景观规划中，不同的自然环境会使城市呈现出不同的风格，地质地貌、气候、自然植被、河流等各种自然元素并不是孤立存在的，它们之间有密切的联系，共同构成城市自然环境。因此，在城市景观规划过程中，需要对不同的自然因素进行充分考虑，使园林景观设计与城市自然环境相协调，呈现自然和谐的效果。在园林景观设计过程中，要充分考虑当地的自然景观，根据不同地域的特点，在不破坏原有自然景观、生态平衡的前提下，保护自然生态环境。

2. 融合当地的历史文化

城市历史文明是园林设计中最重要的影响因素之一，将历史文化融入园林设计能够增强一个城市的吸引力和生命力。如果在城市景观规划中抛开历史，那么必然会导致景观设计失去活力，所以在园林景观设计之初就应该考虑将历史文化融入其中，突出城市历史文化特色。我国拥有悠久的历史文化和不同的地域文化，不同的地域文化具有不同的特点。因此，要重点挖掘历史文化的相关信息，充分提炼地域历史文化特色，使园林景观规划设计具有一定文化内涵。将城市历史文化融入园林设计能够增强园林景观文化底蕴，使得园林景观具有意境。在现代风景园林设计中，文化可以使有形的物质空间转变为无形的精神空间，地域文化的加入可以增强园林对游客的吸引力，引发人们的情感共鸣。人们的生产和生活总是在特定的地域留下一些痕迹，在进行园林景观设计时，应该充分了解当地的地域文化，在设计景观时融入当地历史文化和时代精神，提升整个景观设计的移情效果，唤醒人们的情感记忆。

3. 充分考虑景观的应用特征

为了使景观的功能更加多样化，不仅要考虑景观的装饰性，还要考虑整个景观的应用价值。这就要求设计师在进行景观规划设计的过程中，必须兼顾娱乐和休闲经济等功能，景观设计才能更好地发挥促进当地经济发展的作用。当然，在设计过程中，还应充分考虑园林绿化的生态效益，改善植物的生态多样性，可以更好地确保城市环境具有较强的适应能力。

例如，很多城市文化广场，就是在充分利用城市绿化生态环境的必要前提条件下，为广大市民在日常生活中提供了一个自由的娱乐活动文化广场，使城市文化建设能够充分体现和突出城市居民可以自主参与娱乐活动的重要主题。在开展城市景观规划设计工作时，将不断提高城市所具有的社会整体城市生态文化水平能力，作为城市景观规划设计规划工作的首要目的，通过融入多种多样的城市生态文化元素，一方面拓展了各物种的生态空间，为良好的生态平衡打下基础，另一方面也能够满足人们在日常生活中对城市风景园林的需求。

再如，在城市内开展的景观规划设计中，比较亮眼的设计理念都较为相似。在小型生态园林设计中，加入了多样式的生态水道及水元素，使得园林虽小却不单调；在大型生态园林设计中，则采用加入娱乐区域、休闲区域的方式，增加园林的多样性，使得更多人留恋在其中。故可以推断出，人们对于不同大小的城市景观的需求是不一样的，因此城市中的景观规划设计，要充分重视开展城市项目设计所必须具有的艺术理念与设计风格，这对促进城市项目设计管理工作的有效开展具有重要的影响。

4. 满足社会发展和人们的需求

随着时代的不断发展，园林景观的设计需要立足于实际生活，为人们提供多样化的服务，满足人们的各种需求。另外，在进行园林景观设计时，可使用可触摸的材质，使景观具有共享性和可接近性，使园林景观给人一种亲切感。园林景观还需要与时俱进，不断发展，满足社会政治、经济发展的需求。园林景观设计师在设计时应该满足当地居民需求，增强自身社会责任感和使命感。作为城市经济建设的重要组成部分，风景园林设计能够展现一个城市独特的经济建设特点和深厚的文化底蕴，因此城市园林景观规划要发挥应有的作用，真正为游客提供服务，并传播城市文化。在城市化建设过程中，相关部门要对各种工程项目进行全面分析，满足和谐社会发展的需要，为人们生活、工作、娱乐提供良好的外部环境。城市风景园林设计师要坚持人性化设计理念，对不同地区的经济发展特点进行分析，充分了解当地的社会发展实际，结合居民的生活方式和社会习俗，确保城市园林景观规划满足当地居民的审美需求和使用需求。

5. 选择体现当地文化的建设材料

在城市园林景观规划中，需要高度重视建设材料的选择。选择合适的材料能够充分展示当地独特的文化，提升设计效果。例如，植物、土壤、矿石等具有浓厚的地域特色，会直接影响城市风景园林景观设计的视觉效果。在设计城市园林景观时，应尽量选用地域性材料资源，这样不仅能有效降低施工成本和造价，节约建设经费，还能使不同地区的建筑更具有独特的地域风格，反映地方文化特色。石材作为山区最普遍的材料之一，具有耐磨、耐压、耐高温、耐腐蚀的特点；木材是林区最广泛的建筑材料之一；而竹子在南方地区是被广泛应用的建筑材料。由此可见，在城市园林景观设计中，要根据不同地区材料特点进行合理应用。

七、现代城市景观规划设计存在的问题

虽然在我国城市化的进程中，对于城市景观规划设计一直很重视，但仍然有一些问题存在。具体表现在以下方面。

（一）缺乏专业设计人才

城市景观规划设计还属于比较新兴的专业，社会中大部分的人才与高校中的大学生对这一专业的认识不足，在选择就业的时候会因此放弃该专业。这就导致现有的城市景观规划设计人员专业能力不足，且缺乏人才储备，进一步使得城市景观规划设计缺乏创造性与艺术性。在许多城市景观上甚至还出现了盲目抄袭等现象，这都极大阻碍了该行业的可持续发展。

（二）设计人员的准备不充分

各地域的特色不同，城市景观规划设计就不能千篇一律。这就需要在设计之前，对当地的风俗文化进行调查，而许多设计师因为多种原因，并没有将城市自身地域特色考虑进去，从而使得设计出现了一定的局限性。这在一定程度上也影响了城市景观在当地的满意度。

（三）传统的城市道路绿化景观有待完善

在我国以往的城市建设过程中，一般会使用传统的道路绿化的方式，这样的方式比较落后，相比于现代化城市的发展会出现不匹配的情况。所以，城市建设的有关部门需要创新和改善城市道路绿化景观的设计方式及思路，使城市道路绿化效果更适合城市发展的相关需求，满足城市人民最基本的需求。在传统的城市道路绿化景观设计过程中，主要内容是绿化带设计。绿化带主要作用是分隔道路，把整条道路分为机动车道、人行道等不同区域，确保道路通行秩序。

在大多数情况下，绿化带边缘隔离石应该比地面高 10 cm，才能确保雨水可迅速流出，顺利通过排水管进行储水，这样排水的方法比较简单，可以满足在一般降水量下排水的需求，但城市一旦遇到洪水自然灾害时，城市中市政的排水管道无法收纳大量的雨水，这样的排水方式无法满足排放大量洪水的需求。主要体现在以下三个方面。第一，传统的道路绿化景观设计透水性不强，大雨过后无法在短时间内下渗雨水，使城市道路地面上的留水量较高，城市排水管道在短时间内无法满足大量雨水的排放。第二，我国许多城市的市政排水系统会选择将雨水排放到城市附近的河流中，这样的排放方法可能导致下游发生洪涝灾害。第三，

从本质上来说，城市道路绿化景观设计主要是为了存蓄水量，稳固土地，确保具有较高的环境质量，但在传统的城市绿化建设工程中，没有紧密联系城市道路绿化景观的设计与自然环境，使绿化系统与城市道路工程的建设处于相对独立的状态，消耗的水量也较大，不利于城市资源的管理。因此，在进行城市建设的过程中，需要从建设海绵城市的角度出发，进一步优化城市道路景观的建设。

第二节　景观规划设计要素

一、地形

（一）地形概述

地形分为平地及山地丘陵，地形设计可大致分为三类：规则式、自然式和混合式。混合式地形较为常见，包含了规则式与自然式。地形的剖面均由直线组成。规则式地形的平地由不同标高的水平面及缓倾斜的平面组成，山地丘陵由阶梯式的水平台地、倾斜平面及石级组成。自然式地形的平地为自然起伏的和缓地形与人工堆置的自然起伏的土丘相结合，山地丘陵则利用自然的地形地貌，稍加人工整理。地形设计需因地制宜，巧于因借，“虽由人作，宛自天开”。地形的修整直接影响空间序列的形成。

（二）微地形

1. 概念

顾名思义，微地形指的是地形起伏变化不大的地形，根据景观营造及功能需求，将原有地形进行工程手段处理而形成的。一般分为自然式和人工式，可以是微小的起伏变化、台地式或是下沉式洼地、水池等形式。微地形景观设计的主要形式及内容有假山置石、嵌草台阶、下沉广场、凸面地形、凹面地形、坡地、土台、土阶、小型峡谷等。利用微地形塑造多样化的空间可以极大地丰富城市居民休闲游憩空间体验。在进行微地形设计、改造的过程中，植物的竖向设计必不可少，对视线控制、景观的营造、增加垂直绿化面积等方面有不可替代的作用。

2. 功能

（1）强化主景，聚焦视线

地形作为城市公园绿地空间中不可缺少的重要组成部分，在强化与突出主体景观方面有不可取代的作用。凸地形能聚焦主景，也能引导人行流线；凹地形能够聚集人群，且能营造出私密性，会对人流产生内聚作用；背景与微地形结合，能够使主景成为视点中心，达到突出与强化主景的效果，使人们的视线随地形的起伏而发生变化，景观体验的积极效果随之增加，空间体验的乐趣随之丰富，在有限的空间中使人游览的丰富感增加；高低起伏的地形还能引导视线，将人的游览视线随着景观的高低变化而产生“移景”的效果。另外，微地形还具有“屏障”功能，可通过设置挡土墙、景墙，或通过微地形与植物组合造景的方式，将一些非景观物体、建筑等进行屏蔽。

（2）利用土方，生态美化

微地形在利用原有地形的同时，增加了立体绿化的面积，同时还能通过“凸”的造型起到降低噪声、增加坡面绿化面积及改善场地微气候的功能。除了大多时候利用草坪坡面进行设计，高差较大的地形还可采取阶梯、跌水、瀑布等方式，有利于改善周边微环境的湿热状况。另外，在夏季湿热地区营造微地形景观还可以起到引导风向，改善局部地区的环境温湿度的作用；在冬季则可以起到一定程度阻挡寒风侵袭的作用，这对于改善公园绿地的使用体验极为关键。同时，微地形所呈现的坡面还在一定程度上增加了植物的光照面积与时长，利于园林植物的正常生长及观赏价值的充分发挥。

（3）组织排水，塑造空间

对于微地形景观营造而言，场地的排水处理较为关键，其坡度不能过于平缓，也要避免过于陡峭，前者易造成绿地空间积水甚至产生洪涝灾害，后者则较容易导致大量的地表径流产生，造成园林绿地水土流失，对园林植物的生长和植物景观效果的发挥造成严重影响。因此，微地形的坡度应在合理的范围内，以解决雨水、污水和积水问题。此外，在塑造微地形空间时需分析使用人群的行为心理特征，分析各年龄层次人群对微地形空间的需求。

二、水体

（一）水体的表现形式

按一般水体的特点可以分为动态水和静态水。

静态水给人宁静、祥和的感觉。通过衬托、对比、渗透、延伸、光影、分隔等理水手法创造静态水体的各种景观层次，如静态水面与建筑、山石、花草树木互为映借，形成美丽的倒影。

动态水，水体成为动的形体，水体的种种变化使得人可与水产生互动的关系。动态水的形式可分为流水、落水、喷泉等，如瀑布、溪流、涌泉、叠水等。动态水在撞击、喷洒过程中产生了急流、浪花和声响等效果，创造出许多趣味和丰富多样的观赏效果。

对于静态水与动态水在设计处理上要达到均衡，并进行合理的功能分区，靠近居住区创造优美宁静的水体景观，而将瀑布、喷泉、娱乐设施设置在教学区等相对远离生活区的地方，以防对人们生活的打扰。

（二）水体形状

水体的形状通过驳岸、草坪、植被、建筑、园路等构筑而成，形成有规则的几何形状、不规则的波浪圆形及有聚有分、开合对比的自然式等形态。水体形状的改变可在有限的范围内提高水体景观的利用率，同等面积的水体，形状改变，其边缘的周长会发生相应的变化，适当地增加临水岸线的长度，也扩大了临水的游憩空间，人们的活动距离增大，游览路线增长，同时增大可用植物配置的范围，增强了景观效果。

三、植物

（一）景观中植物的功能

1. 生态性

植物景观具有生态作用，主要体现植物具有“生物过滤器”的作用，对空气及土壤中的污染物具有一定的吸附和净化作用。植物可以吸收二氧化碳释放氧气。植物景观还具有降低噪声、涵养水源、改善场地小气候，防止水土流失及作为生物栖息环境等生态功能。

2. 空间性

空间组织是植物景观规划设计的关键，一切功能都是在特定的空间中发挥作用的。植物的空间建造功能，将大的空间分割成许多小的空间，并通过不同的组合形式建立新的空间序列。植物的围合功能，植物利用外在物质特征完成空间的“围合”和完善。植物的连接作用，植物在景观中，一般运用线形种植形式将孤立的要素有机地连接在一起。植物的障景功能，植物如同直立的屏障，影响人的视线。当植物形成四周都封闭的围合空间时，则将空间与其环境完全隔离，使空间具有私密性。

空间肌理反映的是各空间构成要素形态上的特征，是人们对空间构成的抽象性认知，也是城市内在系统和秩序外在表现特征。植物在空间肌理中的作用主要体现在三个方面。

（1）利用植物建造功能，形成水平要素、垂直要素、顶要素与建筑物共同构建完整的空间环境。

（2）利用植物形态、比例、尺度、色彩、质感等外在特质对建筑进行修饰和美化。

（3）精神内涵。植物对空间氛围具有烘托作用，植物景观以其文化内涵和自然属性给予空间情感和精神，形成富有生命力的共同体，并提升空间美感和意境。

3. 美观性

完善作用：植物通过延续物体的轮廓线将其与周围的空间联系在一起，完善设计或为设计提供统一性。

统一作用：植物充当一个导线将环境中不同的成分从视觉上连接在一起。

强调作用：借助植物的不同的大小、色彩、形态、材质形成与周围环境不同的标识物，来突出或强调某些特殊的景物。

识别作用：植物的特殊大小、形状、质地或者排列组合方式能够发挥识别作用，使空间更加明显、更容易被认识和辨别。

软化作用：植物可以利用柔和的形态软化或减弱空间中建筑僵硬的轮廓线。

框景作用：植物可以利用其茂密的枝叶在景观两旁形成遮挡，从而达到将欣赏者的视线集中在景物上的目的。

（二）植物种植原则

（1）适地适树

选择植物应当尊重适地适树的原则，采用本土植被有助于维持自然特征，节约经济并提高植物的存活率，保持生物多样性和湿地水生植物的群落特征，营造地域文化景观。

（2）考虑植物的形态、层次与季相变化

“春意早临花争艳，夏季浓荫好乘凉，秋季多变看叶果，冬季苍翠不萧条”。植物搭配，组合形体，结合地形，结合水体区域的元素进行艺术的构图，使景观如诗如画。注重绿化植物中的分期开发，合理搭配种植速生树种和缓生树种，确保水体区域在近期与远期都具有良好的绿化景观效果。

季相为植物在不同季节表现的外貌。植物的季相变化构成水体景观直观动人的景色。植物配置，要考虑不同时段不同形、叶、花、果的形态与周围的视觉联系，使四季有不同的观赏景观，使景观丰富多彩。利用花灌木、彩叶植物等展示季相变化，如美人蕉红色花朵弥补了绿色的单调，八仙花开花时繁花似锦，深色的树干配上火红盛开的花朵，形成鲜明的对比。

（三）植物景观规划设计原则

在植物景观规划设计过程中，要遵循统一、调和、均衡、韵律及比例和尺度的基本设计原则。

1. 统一原则

统一的原则即多样与统一的原则。如果植物景观变化不大且整体过于规则、平坦和笔直，则看起来单调而呆板；但如果变化太大，则整体图像将失去协调性和美感，甚至可能显得凌乱不堪。所以，在设计植物景观时，应遵循统一变化和变化统一的原则，重复出现的植物景观可以创造较大的统一感。例如，在道路绿化带上同种、同龄、等距进行植物景观种植，会产生强烈的连续感及阵列感。

2. 调和原则

调和原则即遵守协调和对比的原则，在进行植物景观设计的时候，如要追求彼此之间的高度协调，则可以选择高度相似或者形态较为一致的植物进行配置。相反，植物之间的差异和变化会呈现对比的效果，利用植物不同的外在特征如高度、冠幅、叶色、花色等运用对比手法，通过一定的艺术构思，形成强烈的视觉冲击。

3. 均衡原则

基于均衡的原则对不同的植物种类进行组合和布局设计，植物景观就会显得协调稳定。植物景观均衡形式分为两种，一种是规则式均衡，另一种是自然式均衡。规则式均衡常采用规则式、对称式的设计手法，呈现一种庄严肃穆的景观氛围，常运用在规则式建筑及庄严的陵园；自然式均衡采用自然、自由的设计手法，常用于小花园、公园、风景区等比较自然轻松的环境中。

4. 韵律和节奏的原则

当植物景观呈现有规律性的变化，就会产生韵律感。狭长地带的植物景观容易产生韵律感，要注意竖向的立体轮廓及与周围环境之间的协调关系，呈现起伏有致的高度变化，以产生节奏韵律，避免景观布局呆板。

5. 比例和尺度的原则

比例是指植物在空间上尺寸上呈现适当的关系，其中既有个体自身的空间比例关系，又有个体与个体之间、个体与整体之间的比例关系。

四、园路

（一）园路功能

园路是城市景观的重要组成部分，主要起到组织交通、组织空间、引导游览、组织排水的作用。园路是景观内部的交通连接体，不仅是景观中的交通网络，同时又是景观中各景点与内外空间相联系的纽带，以及景观游览的脉络。它像脉络一样，把各个景观区域连成整体。园路本身又是景观的组成部分，蜿蜒起伏的曲线，丰富的寓意，精美的图案，都给人以美的享受。此外，园路一方面划分和组织空间，形成游览序列的观景效果；另一方面，园路可以利用优美的形式、丰富多变的肌理、质感，与周围的山、水、建筑、花草树木等景物紧密结合，路随景转，取得相得益彰的艺术效果。

除以上的功能外，园路的许多功能作用随着社会发展也逐渐被人们所挖掘和利用。例如，体现人文历史文化及区域特色文化、满足消防交通要求等。由此可见，随着时代快速发展，园路无论是使用功能还是美观的要求都将越来越高。同时还将呈现出更多的环境功能，将成为整个景观的纽带。但是一些基本功能还将继续发挥作用。

（二）园路铺装

园路铺装是指在景观区域中为了保证在恶劣天气下或频繁使用过程中，避免地面的损伤，人们运用一定天然或者人工的材料，采用一定的方式进行铺设。园路铺装一般选用混凝土、石材和预制路面材料等传统铺装材料，这些材料大多坚固，使用寿命期长，同时还要考虑到在使用过程中，尽量避免由于拆卸和维修所造成的浪费和不方便。由于技术进步，最近几年许多生态环保材料和高科技材料不断涌现，使园路铺装有了更多的选择，铺装材料的创新也带来了铺地图案和方式的变换，给人们带来更多的美感享受。在铺装的过程中，更多地要“以人为本”，比如无障碍盲道铺装，可以变换铺装方式为特殊人群引导和提供便利，有些时候还可以利用铺装起到警示作用，如用卵石、石材等材料进行铺设，人们有一种粗糙不平的感觉，提醒人们在游玩的时候不要乱闯园路之外的区域。由于社会发展和人们审美观念的不断进步，园路的铺装也在不断变化，但是作为景观的一部分，园路一直会伴随着人们游玩体验，同时还影响着景观效果，并和园林景观有机融为一体。

五、景观小品与休闲建筑

景观小品与休闲建筑是指园林中供休息、装饰、展示、景观照明和为园林管理及方便游人使用的小型设施。景观小品与休闲建筑相比结构较为简单，一般没有内部空间，体量小巧，造型别致，富有特色。休闲建筑指有内部空间的小型建筑，如亭台水榭、报刊亭等。

（一）景观小品

景观小品作为一种点缀，对景观起到锦上添花的作用。优美的景观小品给园林带来生动活泼的氛围。景观小品主要有展示欣赏类小品（如雕塑）、功能性小品（指示牌、园灯、栏杆）、服务类小品（休息座椅）等。景观小品的设计风格考虑到与整体景观的协调性，同时创造具有艺术造型的景观小品。

1. 雕塑

雕塑为空间创意的一个表现手法，可以从纪念性意义、象征性意义和激励性意义等方面来塑造，表达历史人文、抽象艺术等。景观可突出一至两个标志物，标志性的雕塑设计形成景观的聚焦点，同时具有可识别性。

2. 标识系统

标识系统如指示牌、树木的挂牌等。标识系统既要特色、醒目又能与园林景观相融合，不可喧宾夺主。景观标识系统的完善如道路标识牌、危险标识牌的设计。

3. 休息设施

对于休息设施的设计，休息座位可以有显隐之分，为了避免荒凉或满足更多的人休息（季节性或某种活动的开展），可以设置一些即可供休息又有其他功能的座位，以及设置一些隐性的座位。

（二）休闲建筑

现代园林休闲建筑概指存在现代园林中与园林造景有直接关系，为人们提供休闲娱乐活动的空间或具有意境的建筑。景观区域园林休闲建筑可分为游憩性建筑、服务性建筑和文化娱乐建筑。游憩性建筑如亭、廊、花架、榭、舫、水中楼阁等。服务性建筑如茶室、报刊亭、小卖部等。文化娱乐建筑如游船码头。精巧的休闲建筑既可以给人们提供小憩、赏景的地方，又自成一景，常成为视线的焦点。休闲建筑的设计，往往能起到画龙点睛的作用，因而要体现少而精的原则，同时注意与周围环境相协调。

第三节　景观规划设计方法

一、新中式景观规划设计

（一）新中式风格

1. 新中式风格的概念

新中式风格是对于中国传统建筑风格的一种全新的阐释，是在对于中国传统文化理解的基础上，融合西方要素进行的多元化创新，新中式风格诞生于文艺复兴时期，是将中国传统设计风格与现代风格结合到一起，进行一种设计理念创新，利用传统的设计元素与材质，结合现代设计理念，形成具有传统意义的现代风格特色。新中式风格并不是两种设计理念元素的简单叠加，而是传统风格在当代文化基础上进行的创新，是文化的融合，既表现了中国古典韵味，同时又满足了现代人多方面的需求，从而促进其功能性和审美性的统一。

2. 新中式风格的发展

新中式风格诞生于中国传统文化复兴的新时代，但这种思想理念则可以追溯到近代中国。在近代民族意识的更新中，从 20 世纪 20 年代到 20 世纪 30 年代，中国的建筑受到世界现代主义建筑思想的影响，在“国民意识”的支配下，中国建筑师掀起了国家建筑形态研究的热潮，为开展中国的建筑教育和学术活动做出了巨大的努力，并逐渐奠定了新中式风格建筑设计的基础。其思想源于两个方面：一是在当前背景下对中国传统文化风格重要性的诠释；二是完全了解中国现代文化的现代设计。即在充分理解传统文化的基础上，使新中式风格创造出充满传统魅力的设计，将传统艺术恰当地反映在现代社会中，满足现代人的审美需要。历代设计师通过对中国本土设计风格理念的探索，重新思考使用新材质和新颜色来诠释中式元素，随着现代人追求个性和舒适的室内环境而不断完善，以中国古典风格和现代简约风格为基础的新风格正在逐步转型，新中式风格便应运而生。

3. 新中式风格的特征

（1）注重中国古典元素和文化的运用

中国古典建筑注重园林、景观石和色彩的搭配，体现出主次分明的结构特征，新中式风格在融入景观设计时就注重了这一点，在进行设计时注重利用新材料、新技术融合中国古典建筑设计元素，既增强了其表现意境，同时也增强了其现代气息。中国古典建筑喜欢山水田园的意境，且注重颜色的呈现，多使用中国红、长城灰或者羊脂白凸显其浓厚的文化底蕴。同时融入了多种文化要素，如诗文或景观石、背景墙等，利用这些元素凸显其文化的归属性，增强了景观对于传统文化的表现力。

（2）注重空间设计的层次感和融合感

新中式风格比较注重空间的层次感，利用多种设计元素，将整体的空间布局进行分割，既增强景观的层次感、丰富景观的表现力，又可以借助多种空间布局，进行多种景观场景的呈现，使其增强功能性，同时注重上下空间的错落，增强空间视野，提高空间的层次性。

4. 新中式风格的设计理念

总体而言，新中式设计是对中国传统文化继承和发展的新诠释，其设计理念更多地考虑现代人的审美和需要。它对传统元素的提取不再像古典风格那样，直接在理解的基础上进行总结和应用，而是在保留核心元素内涵的基础上，对传统元素的符号进行提炼、整理、重组，去除烦琐的装饰，这也是新中式风格在设计手法上最重要的理念之一。通过对现代设计方法和中国传统元素的重新思考和表达，设计出更能满足现代人需求的设计。

5. 新中式风格的核心观念

新中式风格基本的理念是传统文化的继承和创新，在这个过程中，做到符合现代人的审美倾向，使设计风格达到现代设计与传统文化之间的和谐统一。新中式设计风格在理念上更多地重视对传统文化的提炼和创新传承，以更好的方式与现代社会和人们的审美需求相融合。

（二）新中式景观

随着时代的发展，人们开始追求高质量的生活环境，但是中国古典园林在这方面只满足人们对于传统文化的追求，并不能满足新时代人们的审美要求，所以新中式景观的产生不是偶然的，更是一种综合性的物质形态表现，主要体现在对传统景观手法的简单模仿、对传统景观元素的解构组合、对传统景观空间的意境再现，并结合现代景观设计的构成手法及营造方式，造就了景观设计的新形式，从中式古典园林中凝练出深层次的“中而新”的元素，更是现代景观设计中对人文价值体现的一种较为圆满的形式。在新中式的设计理念下，现代景观设计也赢得了越来越多的肯定和得到了更多的应用。

1. 源起及概念

新中式景观不会凭空出现，有其自身发展的逻辑性及社会发展的必然性，由其名可知，新中式景观必然源于“中式”，只是在“中式”的基础上加入了“新”的加工设计。中式景观的传统风格多种多样，在传承过程中主要以保护性开发为主，既能延续中式传统园林的深刻内涵，也能满足受众对中式传统复归的渴望，但中国社会城市化、现代化的发展体现在服务现代社会建设，包括城市、人、建筑、景观等各方面的利益和需求，中式传统园林的独特魅力在现代设计的大背景下难以完全生存，在一定程度上无法满足现代人的生活需求及精神需求，从而需要一种动态的思维方式，不断突破古典园林的传统性，使得理性的现代园林体现感性的古典园林。综合发展之下，新中式景观随之应运而生。但“新中式”的景观表现与同脉连枝的“中式”又有哪些联系和不同之处，“新”表现在哪里？“中式”有体现在何处？新中式景观能否经受住社会的要求而一直延续发展下去？都是研究新中式景观设计必须要深入的问题。

新中式景观，顾名思义，是一种景观形式能够展现出中式风格特点，由于其具体定义在景观设计界并没有确定的表达方式，在发展过程中还属于探索、研究阶段，所以可研究价值较高，其本质上是以本土的园林设计为基础，与其他相关设计相互融合、相互交叉，延续中国传统文化的精髓，并采用现代设计的方式方法体现传统的韵味，主要表现在对于古典园林设计要素的简化创新，古典园林意境的延续表达，以此形成的“新中式”景观空间的设计语境。新中式景观在现代园林设计行业中占据重要的地位，处于古典中式和现代中式的交叉地位，并试图展现出未来中式的意味。

2. 现阶段新中式景观设计的特征

（1）意境的蕴含

根据新中式风格的内涵可以看出，新中式景观不仅是对传统文化的继承与发展，也是以现代手法诠释中式意境，摒弃繁复的装饰，追求简洁明快的情趣和意境，艺术性与实用性并重；受儒家思想、道教和佛教的影响，中国传统文化强调写意，注重意境的营造。新中式景观在极简主义思想的影响下强调线条感，用简单的直线、曲线，运用现代材料与技术，抽象提炼传统元素，打造富有传统韵味的现代景观空间。

（2）空间的营造

新中式景观空间的营造追求空间的渗透与层次感，注重细节的装饰和空间划分的功能性，通过基于建筑空间组织的营造水平起伏来实现不同的景观和达到丰富空间层次的效果，如中国古典园林中的传统景观方法借景、障景等。

（3）色彩的选择

在色彩运用上，新中式景观强调色彩运用的合理性，新中式建筑设计的色彩选择主要有中国红、琉璃黄、长城灰、玉脂白等，这些颜色既能突出优雅安静的气氛，又能体现使用者的尊贵。新中式景观在色彩搭配上更偏向纯粹、简约的色彩，以少量的亮色穿插其中，在景点位置稍以彩色点缀，充分借鉴中国传统色彩的运用方式，使其富于东方韵味。

（4）符号的提炼

由于中国历史悠久，许多传统的装饰和手工艺品被保留下来，譬如在亭、廊、景观石或地面雕刻中国结、吉祥物、牡丹、诗文等，用于园林意境及场地精神的营造，以此来体现华夏文明。

（三）新中式景观对传统园林传承与发展

中国古典园林历经几千年的发展，融合儒、道、佛三大家文化，自然而成较为系统和完善的传统园林设计方法和造园思想体系，狭义上是寄托人们对于山水的情感，广义上是表达人与自然之间的融合关系。而新中式景观则是在中国古典园林的基础上演变而来的，其并不是单纯的对于古典的复制，而是对于古典的传承，从古典园林中汲取与当代设计相适应的景观设计形式，对于中国古典园林中的主要造景元素、色彩运用、植物营造及景观空间中所蕴含的诗词文化等方面进行解构和重组，并附加现代审美与功能需求，形成现代城市语境下的新中式景观。

中国古典园林是从古至今园林名家的智慧结晶，是中华民族几千年以来十分宝贵的民族文化遗产。几经变革后，西方景观设计理念和形式不断传入，无论建筑形式还是景观设计，都未能清晰地把握中式景观中所蕴含的文化精髓，随着城市高速发展，国际化成为必然，中式景观设计的发展受到影响并不断调整，从全盘吸收西式园林的盲目到探索中式景观在新时代的新道路，最终关于新中式景观的相关实践案例应运而生，初步形成中国古典园林精髓与现代城市精神相结合的景观新形式。

1. 古典园林的发展

（1）园林的萌芽期

我国园林发展历程中的最早时期，也是所谓的“自然时期”。根据相关的历史典籍阐述，从殷商时代开始，我国就已经开始有了园林的设计，之后又历经了周、秦和两汉时期近 1200 年的时间的发展。这是我国园林的起始萌芽阶段。在设计上，“囿”和“台”是中国传统园林较早的表现形式。殷周时期，统治者和众多诸侯贵族都热衷于捕猎，“囿”——皇家专门用于饲养和捕捉鸟类和动物的场所，同时他们会在其周围大规模栽种树木，挖沟引渠，由此形成了园林的雏形；最古老的园林建筑之一被称为“台”，登高仰望、观察天象是它最为主要的功能。从此以后，人们更加注重“台”的景观功能，空间的中心也逐渐演变为景观和建筑相结合的形式。

由秦朝到汉朝，“囿”慢慢演变成以园林为主的皇室行宫，最后再发展成为“苑”。秦汉时期的帝王为了实现长生不老，享受荣华富贵的目的，把在现实中无法实现的愿望都展现在王室的园林中，并以此创造出无与伦比的人间仙境。比如著名的“上林苑”就是统治者依照“一池三山”的模式进行设计创造的。“上林苑”就是人们对于蓬莱神话、天堂秘境的想象与呈现，它也因此成为人们心中的一个奇迹。

（2）园林的转折期

在经历了汉代的灭亡之后，我国又经历了369年的动乱，也就是历史上的魏晋南北朝时期。即使频频发生战乱、民不聊生，但王室贵族却依旧乐此不疲地建造宫殿，行宫殿宇的普遍出现虽然给百姓带来了苦难，但同时在艺术层面上也促进了园林艺术的发展。

在这一阶段，皇家的园林建筑开始逐渐减弱了过去只用来祭祀的功能，而更侧重于以观赏为主，逐步向以山水为主题的自然园林艺术发展，这个时期的重大理念变革成了中式园林发展史上的一个转折点。除皇家的园林之外，民间的私家园林在设计和艺术方面也有了很大程度的发展变化。达官贵人开始兴建别墅和庄园，利用阔气的园林来展现其财富地位，士大夫喜欢追求环境的自然美，利用隐逸精神来寄托自己渴望回归自然、纵情山水的情感，渴望从自然美中寻求精神解脱。而文人雅士带来了园林独特的艺术文化氛围，他们欣赏自然生态之美，诗歌和山水画的艺术思潮对园林的发展起到了显著的作用，从而孕育了田园诗歌。

在这段时间内，园林设计进行一次巨大的变革。从秦汉以满足物质需求为重心，在魏晋时期变成了以洗涤心灵、情感寄托为主的场所，此时的园林被赋予了很多的情感因素，形成了独特的艺术氛围，也因此开始逐渐清晰园林的定位。

（3）兴盛阶段

历经近四百年的战乱之后，隋唐的统一和社会的相对安定使得各方面发展出现良好势态，中国封建社会迎来了全新的鼎盛时期，同时也促进了园林设计的飞速进步。在这个时期，园林设计开始出现了总体规划，宫殿及皇家花园的设计也变得越来越复杂。当时，私家园林的发展比魏晋南北朝时期更加繁荣，其发展范围更加广泛，艺术性也更加突出。在诗人、画家的直接参与下，园林中开始注入写意的成分，把诗画中所描绘的意境和情趣引入到园林设计中，将绘画与风景建筑融为一体，达到“诗画合一”的艺术境界，我国园林艺术开始从自然园林的展现转变到写意园林的阶段。

（4）成熟阶段

北宋至元代是古典园林发展的成熟期，园林艺术到宋代已经达到了非常高的艺术水平。宋代皇家园林具有宏大的规模、精致的结构及独特的观赏视角等特点。此时，民间造园活动频繁，大量文人画家参与造园，他们对造园活动充满热情，并为此著书，进而强化写意山水园的创作意境，园林设计成为其表达思想的一种载体，这也成为其逐步迈向成熟的重要体现。在园林风格上，各家的创作技法精妙，各有千秋，使得园林内部建构手段更加精美细致。

（5）明清的全盛阶段

中国园林发展史上的一个辉煌时期出现在明末清初，这时候园林艺术达到了前所未有的鼎盛时期。这一时期是园林艺术创作者活动的高度活跃期，比较令人印象深刻的是康乾时期的皇家园林。

2. 新中式景观设计的发展

新中式景观设计的发展主要分为探索期、修复期、发展期。

（1）新中式景观设计的探索期（20 世纪 50—70 年代）

20 世纪 50—70 年代，我国各方面都亟待修整和发展，随之也在整治城市的绿化环境，很多私家园林都被逐渐整改成公共娱乐、观景的场地。我国园林规划方面的设计受到当时的苏联文化休息公园设计理论的极大影响，中国开始兴建公园绿地、广场绿地、道路绿化等。例如北京的陶然亭公园、上海的蓬莱公园、哈尔滨的哈尔滨公园等。这个时期由于中国的政治、经济、文化还在发展初期，实力不足，只是对于城市中遗存的公园绿地进行兴建和改造，设计手法、工艺及技术还处于探索阶段。

（2）新中式景观设计的修复期（20 世纪 70—80 年代）

1966—1976 年，中国的各方面发展受到严重的挫折，景观设计的发展停滞不前。后在党的及时纠错和正确领导下，景观设计作为展示城市美好形象的代表，又被放在重要位置，北京兴建的日坛公园就是这一时期的典型代表。这个时期的景观设计为了凸显中国特色，景观空间的合理布局、山水骨架的设计手法、服务对象的普遍性，将传统的园林设计理念作为特色，打造具有民族特征的现代园林。

（3）新中式景观设计的发展期（20世纪80年代至今）

改革开放的伟大举措使中国社会发展迅速，经济水平提高，人们的视野不断扩大，对景观设计的要求趋于规范和创新。1992年正式发布《公园设计规范》，为公园绿地的发展提供了坚实的设计依据。至21世纪，城市景观进入快速发展时期，“新中式”风格的景观逐渐发展起来，并走向世界。

新中式景观设计在现代设计的背景下不断地进行研究和修整，其“新”的内容既能够满足传统园林的现代需求又以一种新形式坚定了当代城市园林的多元化发展，主要体现在新环境、新需求、新理念、新技术、新材料、新设计等方面；“中式”则是对中式传统园林意境的缅怀和传承。在现存众多的新中式景观案例中，绝大部分作品都停留在传统元素的单一拼凑、传统景观的复制模仿上，并未体现新中式景观的精髓所在。这就需要现代园林设计师从认知和设计两个方面去思考和实践。首先，深入理解和领悟古典园林的本质思想及设计目的，并思考古典园林能够延续至今的根本原因，再总结分析如何准确地进行古典园林形式构成的改造和创新；其次，系统归纳古典园林的设计手法和营造方式，依据基址所存有的自然资源和文化资源，满足设计发展的要求。寻求最佳的设计方式，达到景观、自然与人文的和谐。景观也不是单一、一成不变的，是与环境共同组成的有机整体，要有针对性地对基址环境进行深入的研究和分析，找到最适宜的、与环境保持和谐的设计方式，并且确保对自然环境的利用和改造都遵循因地制宜的原则。

（四）新中式景观意境的营造

1. 景观意境相关概念

（1）意境

意，亦意象，主观范畴；境，即景物，客观范畴。意境，即为因客观事物引发的内心联想与触动，而产生的意蕴和境界。

（2）景观意境

景观意境，即为通过具体客观存在的园林事物或由其组成的园林景观空间，来传达一种虚实相映、深远幽渺、耐人寻味而又充满情调的环境氛围，使人置于此，可感受、领悟自然之美与文化之邃，情因景生、触景生情，从有限的景观空间环境中感到无限丰富的意境趣味，感受园林景观之灵魂。

2. 景观意境的物质要素

（1）建筑小品

在中国古典园林中，建筑物比例比较高，园林中建筑物的密度为20％到

30 %，所以园林中建筑物的营造是造园者十分重视的，不同环境的形象与意义不同。注重建筑与建筑、建筑与其他园林要素相互组合，如建筑与山池花木共同搭配作为园景的主题形象。在中国古典园林中，造园者为了表达意境所在往往给园林中的小品，赋予文化性质的命名。

（2）山体

中国古典园林中最常见的“山”并非真山，而是模拟真实山体的形态，经过人工建造合成“假山”，这种“假”是艺术的“真”。不同地区资源和气候不同，建造假山时采用的石材种类也不相同，通过不同的石材，表达不同地域的风格。例如，北方多采用青石，体现刚劲之感，南方多采用湖石，形态万千。这种形式上的表达，已然成为设计师在意境营造时常用的手法，受到了不同设计师的推崇。

（3）水体

水是园林景观的灵魂，在古典园林中，水的应用要比山早，不管是自然水的引入还是凿池，都少不了水的存在。造园者往往根据不同的景观感受创造不同形态的水体组合，一般不会以单一形式出现。水的形态也并非完全按照自然山水的形态来建造的，而是通过对水的艺术抽象和简单概括，调整尺寸和比例，营造类似自然山水的效果。意境营造时水的用法一般分为两种：一种是山水结合，远处是建筑，形成远山效果；一种是与建筑结合，形成咫尺相望的效果。

（4）植物

植物的搭配是园林中最重要的部分之一，植物本身具有生气，体现生命活力。园林植物意境营造时，必须要经过细心的挑选，烘托园林的主题。用植物反应品格是营造园林意境比较直接的方式和手段，如菊花象征隐逸、竹子象征气节、梅花象征坚毅不屈的精神等；植物搭配要内外合宜，植物的意境搭配要尽量能够调动人的视觉、嗅觉、听觉等多重感受，帮助观赏者来理解和感悟景观精神。

（五）新中式景观构景手法

我国园林通过不同的造园手段，建造出了丰富而又含蓄的景观空间，其本质是对园林空间的巧妙分割和统一，形成不同的空间比例，由于观赏者的视觉差异，可以形成多变的景观效果。借景、框景等多种形式的构景手法在景观设计中的应用较多，为“新中式”景观的设计提供了有效的设计途径。

1. 借景

在造景时，设计根据景观空间的需要，通过借助远处的山峰、近处的溪水等外部景观，将观赏视线内的景色融入园林内部形成内外相互渗透的绝美景致。除此之外，季节性、声景性的景物也可以入园，设计借助声音和四季更替带来的不同的景物效果，达到宜人的观赏氛围。因此，设计通过借景来丰富园林内部空间，拓展空间的有限性，实现以小见大的现代景观设计的艺术表达效果，从有限的空间收获无限的意境表达。借景的范围很广，根据观者的视点和景物的远近将其分为远、邻、仰、俯、因时而借等的类别。

借景又被分为远借和邻借。远借利用园外远处景色，采用叠石理水，或建造亭台等手段来将其纳入园林之中，从而开辟远景线。而邻借一般设高台楼阁俯瞰园外近景，或开园窗借邻园景。明代造园家计成在《园冶》中对邻借的解释是，如果园外美景连起来，借景自用，甚至连相邻园的景色都可以借景取景。

仰借与俯借是指园林中的景色有高低之分，登高时或利用俯视或利用仰视来借助园林外部景色来转换观景视角，视线开阔性的变化产生了一种站在高处远眺，一眼看到整个世界的体验，或从上往下，或从下往上，或从里往外观景能够形成绝佳的景深感。

2. 隔景与障景

隔景与障景的借景手法还原了中国园林藏而不露的设计意图，利用在景观与人流间的屏障实现隔景与障景的艺术效果。障景的设计手法通常用于门口的处理，入园时需绕行，才能观赏到园内的景色，激发了观者的探索欲望。障景自身也十分具有艺术美感，站在园外观看屏障时会不由自主地幻想园内的景色，增添了神秘感。隔景是对园林进行有效的划分。

3. 漏景与框景

漏景指建造时所选取的材料如窗、门、屏风等虚隔建造物。漏景以若隐若现的手法来营造空间能够唤起观者想要一睹全貌的好奇心，漏景为景观设计增添了一份朦胧感。

中式园林中窗、门和植物形成的天然景框就是利用了“框景”的建造手法。“框景”通过园内窗、门和植物等的轮廓设置，把远近景色框入园内，通过布置类似于画框形式的景观结构，使观赏者能够通过画框从一定角度欣赏前方的景观。一般情况下，框景所选择的景物非常美观大方，在设计上也要精心，要考虑框内外明暗对比、形状对比、角度对比等。这种造园手法来源于绘画，能给鉴赏者一种欣赏实景的奇妙感觉。

4. 其他构景手法

影景是由光线形成的光影效果，影景的使用能够扩大空间和丰富水景，从而形成天水相连的景色。通过阳光和风的外力影响下形成光波闪烁的造园艺术效果，墙与地面在光的照射下形成斑驳陆离的景象产生空间错觉，打造温婉的中式园林气息。

色景是利用色彩的组合来增加园林美感的一种建造方式。设计可利用园林建筑、水体、植物、光源等色彩的使用来营造空间。在设计中，植物随着季节的更替变化出不同的颜色，将其配置于园林内部，来渲染园林的季节感。

夹景是带有抑制性的手法，既能表达具体的趣味性和感染力，又能强化设计构思，突出端景，并且引导、组织、聚集视线，使景观空间指向最终景物的最佳部位。

添景简单来说就是视觉空间的一种过渡，是空间视觉上的延伸。

二、基于环境心理学进行景观规划设计

（一）环境心理学

1. 概念

环境心理学是研究环境与人的心理和行为之间关系的学科。一方面，它强调环境对人的影响，另一方面，它也关注人对环境的影响。环境心理学的基本任务是研究人类行为与人们生活的物质环境之间的关系，并应用这一知识来改善物质环境和提高人类生活质量。

环境心理学作为一个跨学科的应用心理学领域，涉及文化、民俗学、文化人类学、人文地理学、社会学、生态学、生理学、心理学、城市规划、园林、建筑、室内设计和环境保护等学科。因此，环境心理学还有几个别称，如环境行为研究、环境设计研究、人类环境研究等。

作为一个多学科的社会心理学领域，环境心理学的主要特点可以概括为如下几点首先，该学科从整体上研究环境与行为的关系，强调环境与人类行为的相互作用。其次，该学科有大量的理论基础和研究课题，都来源于现实生活，研究成果对于解决一些实际问题也是可行的。最后，多学科的性质和对现场研究的重视，使得该学科的研究方法主要被确定为一种包括定性研究和复杂定量研究的折中研究方法。

2. 构成要素

人类在改造环境的同时，环境也在影响着我们，环境的变化会刺激人的心理从而影响人的行为，人的心理和行为共同作用，可以进一步改变环境，推动建筑与室内活动的发展。因此，环境要与人的心理和行为相互协调。

（1）环境

在传统的意义上，环境指的是作用于一个生物体或生态群落上，决定其形态和生存的物理、化学和生物等不同因素的综合体。环境心理学中所指的环境要是指物理环境，包括噪声、拥挤、空气质量、温度、建筑设计和个人空间等。

（2）人的心理需求

人人都会有需求。我们将人类的需求从低到高分为五种层次：生理需求、安全需求、社交需求、尊重需求和自我实现需求。在某种程度上，人的需求符合人类发展的规律，其中自我实现的需要是最高层次的需要，通过努力发挥自己的潜力，人的心理状态会比较放松，内部因素因而得到满足并对行为起到决定性的作用。人的行为和心理是相互影响的，这对设计具有借鉴意义。

（3）人的行为

人的行为是人为满足自身动机或需要所作出的反应，是动态的、复杂的，受思想支配表现出来的外在活动。行为与室内空间环境有密切的关系，客观环境可能支持行为人在各种空间环境中的行为规律，对建筑及室内设计具有指导意义。

3. 研究内容

一般认为，环境心理学研究物理环境、社会环境和信息环境（如虚拟环境）与行为之间的关系。其中，物理环境包括自然环境和建筑环境，物理环境与群体行为的关系是该领域研究的重点。环境心理学以现实环境为研究场所，以解决实际问题为目标取向，旨在改善物质环境，提高人们的幸福感。其研究内容主要包括感知、认知、情感、偏好、态度、评价、活动规则等方面，以及物质环境对行为的影响及其社会文化差异。下面从三个方面对环境心理学的研究内容进行分析概述。

（1）人的行为需求

从环境心理学的角度来讲，人是产生行为的主体，环境心理学对人的定义指的是社会中的人，每个人的身份和特点是十分复杂的，因此人的需求也是多种多样的。为了方便研究，在环境心理学中将人根据年龄、社会地位、性别、信仰等属性进行划分。除了一些具体的划分，人的精神世界、审美的不同也是环境心理学划分人的属性的关键。

（2）环境行为分析

在环境心理学中，环境行为分析主要由主要领域、次要领域、公共性领域三个部分组成，主要领域强调个人的空间范围，其行为是基于个人微观空间中产生的行为，当人远在自己不熟悉的环境中，在个人空间内的自我防御就会更加重视主要领域，对空间的安全性、私密性和舒适性等都有了更高的要求标准。根据人们年龄、性别等个体因素和环境因素的不同，个人空间是具有变化性的。次要领域空间范围广泛，强调中观环境产生的行为。公共性领域的范围最广泛即为公共空间。强调宏观环境，宏观环境的私密性较差，主要注重交通条件。

（3）认知模式

感知理论：人对信息的感知主要来自周围环境的刺激和人的行为动机。不同的个体因为对外界环境认知的不同，即使在同一环境下受到相同的刺激，其收到的感知信号也是不同的。人在环境中处于运动、变化的状态，在这个过程中人会接收到环境传递的信息，这些信息会使人们给出相应的反馈。这种感知理论在一定程度来讲是由人的主观因素决定的。

认知理论：是在“图式”和“构造学”的基础之上，对人在环境中认知的研究。强调人和环境之间是具有联系性的，通过人的行为与周围环境产生某种联系，进而形成一个特性空间。这种特性空间的形成是基于人的心理组织模式，可见环境对人的影响是十分重要的。

意向理论：通过运用意向理论激发人在环境中的意向能力，意向能力指的是，人脑通过环境的刺激对接收的信息进行筛选，选择出认为具有价值的信息，从而在头脑中构建出清晰的地图。要想激发人们的意向能力，就要充分展现环境的特点，使人们对环境的认知，与环境的现状保持一致，例如在景区中不会迷路。另外，为了加强人们对环境的记忆，从而形成意向地图，应将环境要素特殊化。因为个体的年龄、性别、经验、社会阶层等有所差异，每个人产生的意向图式是不同的。

4. 相关理论

（1）环境知觉的理论

环境知觉是个体对环境信息感知的过程，在环境刺激作用于感官后，大脑做出的一个全面的、综合的反应，强调环境与人的互动，同时重视人的知识经验、人格特点等对环境知觉的影响。了解环境的同时才能更好地研究环境，环境知觉的研究有助于人们更好地认识室内空间微型景观，对室内空间微型景观的设计提供了一定的理论支持，有助于给人良好的刺激使人更好地适应环境和塑造环境，达到人与空间环境最好的互动。

①格式塔知觉理论

格式塔知觉理论的基本观点是机体的生理过程是心理过程的基础，是行为环境和地理环境之间的纽带，心理、生理过程与物理过程在结构形式上是同等的，都具有格式塔性。此外，格式塔的组织原则包含了群化原则、简化原则和图形与背景原则，格式塔心理学认为心理现象最基本的特征是能够意识到经验中的显性结构或者整体性，整体是先于部分存在的，它所具有的形式和性质可作为一个决定性的整体情境。格式塔理论中的原则可以为室内空间设计提供指导。在实际案例中，可以以图形与背景原则通过室内空间微型景观的体量、色彩、疏密和肌理等来强调和突出主体与环境的关系。

②生态知觉理论

生态知觉理论强调了人类的生存适应性。知觉作为一个有机的整体过程，人类的知觉是由环境刺激所引起的环境刺激模式，环境知觉是环境刺激的生态特征的产物。在室内空间微型景观的设计中，设计者针对人的不同需求所建造的空间环境能使空间中的使用者发现环境中的生态功能，以及意想不到的行为现象。因此，在设计过程中，设计者要重视生态知觉，充分体现人文关怀，进而提高空间的价值。

③概率知觉理论

概率知觉理论重视后天的学习与经验，强调个体在知觉中有积极主动的作用，为了能够应对周围环境所提供的线索的不确定性，应当确立对环境加以判断的全部概率论点，通过不同环境中的感觉线索和一系列探索行动来判断功能效果与取样，最终得出的结论不是绝对的，而是一种概率，然后去检验概率的精准性。

（2）环境认知的理论

环境认知研究的是人如何能够获得有关环境的认识，其中包括对环境中的图示、节点、空间界限和主体物的认知。最后通过机体、环境和文化这三个因素的相互作用使人能够识别与理解环境。环境认知也包含了空间认知，空间认知即人通过感官与心理对空间环境的信息获得思维认知，利用空间环境中的具体形状、大小、形式、方位和比例等因素来感受整个空间环境的过程。在室内空间微型景观的设计中，可以运用空间认知和空间认知模式使得环境具有易识别性。

（3）行为—环境关系的理论

人在环境中作为一个客体不仅受环境的影响，反过来人也能够改变和创造环境。人与环境之间是相互影响、相互作用的，人可以根据需要积极地创造环境，环境也会给人的身心以最直接的反馈。行为环境关系包含以下三种理论。

①环境决定论

环境决定论强调环境决定人的行为，外在的因素决定了反应的形式，进而要求人的行为有特定的方式，认为人是被动的，忽略了人可以改变环境的行为能力。

②相互作用论

相互作用论认为人与环境是客观存在的，相互独立的。人的内在因素和外在的环境因素之间的相互作用可以影响人的行为，同时人在适应环境的同时可以发挥主观能动性，进行选择，改变环境，以创造出更加舒适的环境。

③相互渗透论

相互渗透论强调人不仅仅可以调整环境，还可以决定环境的性质。人可以通过修正环境来改变周围的人，从而影响社会环境，并重新定义场所环境的意义来进一步影响环境性质，可见面对环境，人有假设、改变与期待的潜在行为。

总之，人和与之赖以生存的环境之间，人在适应环境的同时环境也在被人的行为所引导。环境影响着人的心理与行为，相反，人通过行为可以对环境进行创造，人、环境和行为之间是相互影响、相互作用的。

（二）环境心理学在景观规划设计中的应用

1. 景观感知

景观感知是发生在感官和环境之间的一个动态过程。在这一过程中，人们对环境作出迅速而直接的判断，从而进行相应的行为活动。同时，人们会将在环境中获得的感知信息与自身相联系，这直接影响了人们的情绪和心理状态。不同的环境会刺激人们产生不同的感知体验，进而带来不同的心理变化。由此可见，景观感知是一个非常复杂的从大脑到心理变化的过程，可以概括为：外界景观刺激—形成感觉—产生认知—做出反应。因此，为了能够规划和设计出符合居民需求、有益于居民身心健康的城市景观，规划设计师必须了解人们对不同环境的感知情况。

2. 景观偏好

景观偏好，即人对于所认识的环境景观表现出的偏爱反应，根据近些年相关研究表明，影响人景观偏好的因素有四个，第一个是连贯性，连贯性在这里主要指一个大环境中各景观元素间的联系组合方法是统一的、整体的、富有逻辑性的，每一段小景观不同，但组合而成的大环境却是既变化又统一的。我国传统园林造园手法中的“过片”就是指园林里不同景点之间的逻辑联系和适宜过渡，非常注重各景观之间的巧妙联系；第二个是易识别性，易于识别的景观往往具有定向功能，有益于道路识别及环境的熟悉；第三个是复杂性，对于一个环境而言，其越复杂证明景观的视觉丰富度越高，这样一来可供人观赏探索的余地也就越大，人的偏爱程度就会越高；第四个是神秘性，空间的光线、布局及令人惊喜的变化都是引导人去探寻景观空间未知信息的引线。研究发现，在以上的几大因素中，神秘性对人们影响较大。

第四节　城市景观类型及规划设计

一、城市公园景观规划设计

（一）城市公园概述

1. 城市公园的概念

从城市公园的功能角度来看，城市公园是指具有不同功能，可供人们休憩娱乐的活动区域，可以给人们带来视觉层面和精神层面的享受，同时还具有传播城市文化及彰显城市风貌的功能。从人类对城市和生活的角度来看，城市公园是指自然的或人工开发的公共空间，由不同的地形高差、植被、水体、道路、广场、建筑、构筑物及各种公共设施组成。城市公园的概念不仅包括各种主题公园和综合性公园、花园、自然森林公园，还包括城市的水上娱乐公园、植物园等。简言之，在城市建成区域范围内的公共性公园都是城市公园。

2. 城市公园的作用

城市公园的作用和功能是广泛而多样的，如游览、观光、休憩、避灾、开展科学文化活动及体育健身等，除此之外还有改善生态环境、开展纪念活动、促进文化交流和经济发展的功能，部分公园具有保护自然生态资源和历史人文遗迹的重要作用。

（1）游览观光

城市公园一般具有丰富的植物、山水等自然景观，有些公园还具有历史古迹、文化建筑、地方风物等人文景观。因此，不管是短假户外踏青还是长假远门出游，综合公园、植物园、动物园、森林公园、文化主题公园等各种类型的公园常常成为人们游览观光的重要目的地。

（2）游憩娱乐

城市公园中的植物、山水等自然景观营造出良好、舒适的户外生态环境。人们在工作之余去公园里散步休息、呼吸新鲜空气、观赏花鸟鱼虫，有助于消除疲劳、恢复身心健康。在工作和生活节奏较快的城市，一些中心商务区的街区公园绿地成为上班族午休时的良好户外休息环境，公园中的互动设施可供游客开展娱乐活动，获得丰富多样的文化艺术感知及身体和精神的放松。

（3）防灾避灾

一般城市公园内建筑物较少，具有大面积的开敞绿地或铺装场地，能够在地震、火灾等自然灾害发生时容纳人群，公园空旷地带及防火绿带可以阻止火灾蔓延。灾害发生后，人们可以在公园里搭设临时避灾住所，利用公园里的水源和其他避灾设施维持灾后过渡生活，等待家园的恢复和重建，是受灾人群理想的临时庇护场所。

（4）科普教育

城市公园是开展科普教育的理想场所，可以为广大市民展示植物、动物、气候、环境生态、环境保护等各种自然科学知识，以及历史文化、风土人情、政策法规等人文社科知识。人们在游览观光、休憩娱乐中轻松愉悦地接受各种科普文化知识和人文教育，对广大儿童来说公园是他们亲近和了解自然最好的实验课堂之一。

（5）体育健身

城市公园里各种绿色植物环绕、空气清新、景观优美，在这样的环境下开展体育运动和健身活动无疑对身体是大有裨益的，所以公园中常设置各种体育设施和健身场地来满足人们开展体育运动和健身活动的需求。

（6）改善生态

改善生态环境是城市公园最基本的功能和作用之一，公园作为绿色开放空间，大量植物可以释放氧气调节空气碳氧平衡，公园中的大型水体设施和森林植被可以蓄积雨水和调节空气湿度，也为一些野生动植物提供了良好的栖息地和生存环境，为协调人与自然生态的关系发挥重要作用。

（7）纪念交流

城市公园是历史事件与人物纪念，以及开展各种文化交流活动的理想场所，通过绿色植物可以营造出宁静、庄重、肃穆的纪念氛围，在绿色环境中人们能够更好地平复心情、缅怀先人、追忆往事、铭记历史。

（8）资源保护

公园还具有保护野生动植物资源、历史人文景观及特定景观生态资源的作用。通过规划设立公园绿地，将需要保护的资源对象置于其中进行有效监督，从而避免因过度开发、人为侵占和干扰等因素造成对重要资源的破坏甚至毁灭。例如一些植物公园、湿地公园、文化遗址公园等在保护自然和人文资源方面发挥了重要作用。

3. 城市公园的现状

（1）布局不合理及类型单一

对于城市公园景观的营造不能单一地进行设计，要在整体上把握公园的功能结构，满足不同人群的使用需求，让公园达到最优化的设计。现在城市公园的功能类型普遍单一，空间布局不够合理，空间划分粗糙，设施不够多样，缺乏有特色的景观小品，达不到人们对于公园景观的期望，因此也降低了居民对城市公园的利用率，造成了城市资源的极大浪费。然而许多城市公园还是缺乏地域文化的特色，也忽略了人们对公园功能的实用需求，盲目地追求景观的美观性。例如，没有给老年人合理划分活动区域，配置活动器材、服务设施，等等；没有考虑残疾人的特殊性，设置其需要使用的坡道等无障碍设施，不能使这类人群体验到城市公园的人性化，感受到公园的良好服务；儿童活动区域只是进行了简单的设施配置，没有充分考虑儿童的活动特点及儿童的活动安全，儿童喜欢色彩丰富的设施，大部分场地的颜色搭配不符合儿童对于颜色的需求。城市公园的建设要考虑不同人群的特点，为公园的长远使用进行合理规划和布局。

（2）缺乏地域文化

城市公园不仅是为了给人们提供一个娱乐和观赏休闲的场所，更是一个城市用来展示地域文化的重要场所之一和传承地域文化的重要媒介之一。目前许多城市公园在设计和建设的过程中忽略了其能够展现城市形象的独特文化特点，原因在于：第一，由于缺乏对当地城市文化的挖掘，没有深入了解城市的历史、人文及风俗习惯等，因此城市公园缺少景观特色；第二，城市公园景观在营造的时候过于追求美感，没有从文化的实际内涵出发进行设计，因而展现出较为粗糙的文化形式。因此，城市公园在建设的时候要合理地将文化融合到景观营造中，这样才能使城市公园有独特性。

（3）植物配置不合理

城市公园的景观营造少不了丰富的植物配置，科学的植物搭配对于营造一个优美的城市公园景观非常重要。然而目前大多数的城市公园景观在植物种类配置上较为单一，季相不够突出；一些草坪上的植物缺乏合理的搭配，使城市公园景观缺乏形式美感；常绿植物过少、缺少大规格的乔木供人们遮阴纳凉；水景旁的植物搭配不够合理。城市公园绿地的植物搭配种类不够丰富，没有形成优美的公园植物景观。因为公园人流量较大，要选择无尖刺、无毒的安全植物，营造植物群落时要了解当地自然植物群落，多选用乡土树种，注重常绿与落叶、开花植物及彩色叶植物的相互搭配，做到层次分明，使每个季节都有景色可赏。同时对一些便于管理的低成本植物品种的合理使用，可以形成一个稳定的生态型植物景观，促进公园的可持续发展。

（4）后期维护不当

公园作为城市居民休闲活动的重要场所，面临着较大的人流量，公园内的设施随着人们的使用，以及缺乏后期的维护，导致部分设施陈旧破损，植物缺乏养护，导致一些区域内的植物退化、死亡及土壤出现裸露等现象；公园的人性化设计也是非常重要的，但由于指示牌及说明牌等标志的简陋失修，人们无法获得重要信息。这些将影响人们在公园内的游玩体验，因此公园的后期维护非常重要。

（5）公园发展理念落后

随着城市的不断发展，人们对于所处生活环境的需求越来越高，关于生态环境的重要性认识也在加强。我国也在提倡可持续发展理念，积极地建设可持续的景观设计，为营造人类与自然和谐共生的健康城市作出努力。然而目前有许多城市公园的建设仍然存在诸多问题，公园生态环境退化较为严重。在建设的时候没有考虑当前城市用地、能源、水资源的紧张问题，对于水的循环再利用没有有效的设计，可再生的景观材料和生态环保材料没有合理应用，造成极大的资源浪费。在植物的种类选择上没有充分考虑季节的变化来进行搭配，美观性和生态性缺失，使城市公园的后期利用率降低，对于整个城市的形象不能起到提升作用，不能推动城市的发展，与城市的可持续发展背道而驰。

（二）城市湿地公园景观规划设计

1. 湿地公园的定义

“湿地”一词由英文单词“wetland”直译而来，该词是个复合词，由单词“wet”和“land”组成：“wet”意为潮湿的，“land”意为土地。

在湿地类型划分上，一般分为天然湿地（自然湿地）、人工次生湿地和人工湿地。在湿地的定义上，主要分为广义和狭义两种，狭义上将湿地定义为：水域和陆地之间的过渡带。广义上的湿地概念是指由天然产生的或是后天人工建造、持久或暂时性的沼泽地、泥炭地或水域地带，包含在低潮期间，水深低于 6 m 的水域。现阶段我国对湿地的具体范围还未有明确的界定，多使用广义的湿地概念。

湿地属于过渡性地带，位于陆生生态系统与水生生态系统之间，在被水浸入土壤的特定环境里，生长许多湿地特色植物。世界各地都有湿地分布，湿地拥有众多野生动植物资源，是重要的生态系统。许多稀有水鸟没有湿地，就无法繁衍迁徙，因此湿地被称为“鸟儿的乐园”。

城市湿地是水域地带与陆域地带交界处的生态系统，与城市的发展和人类的日常生活休戚相关。它与其他类型湿地的主要差异表现在：城市湿地被归入了城市绿地系统，位于城市区域范围内，具有城市休闲功能，会更多地受到人为活动和城市发展的影响。

湿地公园，是一个主要由水体、景观组成的公园。在优越的湿地环境和多元化的湿地景观资源的基础上，建立一个具有一定规模、多种功能于一体的旅游休闲场所，除供人们游乐休憩之外还具有对湿地科学的传播和教育等功能，是一个集湿地系统的涵养水源、调节气候及生物栖息地等生态功能与公园的旅游休闲、游憩娱乐及文化教育功能于一体的综合体系，且具有社会公益性，有利于对湿地生态文化的传播与促进。

国家以湿地公园这种公共场地的形式对湿地实行保护。以湿地为划定界线，目的在于保护；以公园为划定界线，目的则在于使用。当下，我国现有两种方式申报国家公园：一是隶属于国家林业和草原局的国家湿地公园；二是隶属于住房和城乡建设部的国家城市湿地公园。

湿地公园不仅拥有公园的开放性和可玩赏性，同时也拥有湿地的独特特性，且在功能上符合湿地的定义，还被纳入城市内部绿地生态系统，使得湿地的生态功能可以被充分显现出来——营造包括湿地保护教育、文化科普、滨水游憩、运动休闲、生态观光等多种功能的公园类型。

2. 城市湿地公园景观规划设计原则

（1）湿地保护原则

规划湿地公园景观，需要注重湿地保护原则，避免对湿地环境造成破坏。湿地保护原则主要有以下三个方面的内容。第一，注重湿地与城市的高效衔接。要避免周边环境对湿地造成影响。同时，城市建设要包括湿地建设内容，以保障湿地发展的长期性和稳定性。第二，注重湿地物种的保护。要保护湿地物种的多样性，维护生态结构的平衡，使湿地生态系统继续发挥调节作用。第三，注重对湿地系统的微小改动。不能对湿地生态系统进行较大的改动，否则将会破坏湿地生态系统的循环，导致湿地生态环境无法形成良性循环。

（2）协调统一原则

规划湿地公园景观，需要遵循协调统一原则，使湿地与城市能够协调发展。协调统一原则主要有以下四个方面的内容。第一，植物景观与湿地特点相吻合。植物能够在湿地上顺利地生长，生长好的植物促进湿地景观迅速形成。第二，景观风格符合本市城市建设的特点。景观风格要根据城市建设特点的需要进行设计，体现出景观与城市的协调性。第三，景观建设选材的环保性，进行景观建设时要使用绿色、环保材料进行，主动减少湿地公园污染源，最大限度保护好湿地公园。第四，景观建设的公益性。景观建设要结合公共设施建设同步进行，起到既保护景观建设，又方便城市生活的作用。

（3）功能化原则

规划湿地公园景观，需要采用功能化原则，提高湿地公园功能设计的重视程度，使其具有良好的城市美化功能。湿地公园具有广阔的空间，需要合理安排空间，为城市居民提供休息娱乐的场所，使湿地公园更加具有实用价值。因此，需要充分发挥城市湿地公园的空间作用，使城市空间环境得到有效延展，空气得到有效净化。同时，也要注意空间与环境的合理安排，使建筑与植物相互融合、相得益彰。

（4）可持续发展原则

规划湿地公园景观，需要采用可持续发展原则，从而形成良好的保护作用。开发湿地公园过程中，需要将其与旅游业相结合，这样既可以带动当地经济的发展，又能够为湿地公园的维护带来资金支持，符合湿地公园建设可持续发展的要求。在湿地公园建设过程中，需要建立良好的循环体系，必要时可对湿地生态环境进行干预，提高湿地生态环境的稳定性，进而提高湿地公园的可持续发展水平。

3. 城市湿地公园景观规划设计方法

（1）生态系统的恢复

对生态系统过多的干扰打破了生态系统的平衡，使得生态系统固有的功能遭到破坏或丧失。在湿地公园景观设计的过程中，需要对已被破坏的生态系统进行恢复，使其恢复原貌。依据生态学的原理，从土壤、植被、水土等方面通过一定的生物及工程的技术与方法对生态系统进行修复，使生态系统逐步恢复到原有的状态。

（2）植物的生态配置

充分了解湿地植物与湿地环境之间的相互关系，在特定的环境条件进行合理的植物生态配置。每种植物在湿地系统的维护中扮演不同的角色，通过植物种植设计能够充分利用植物的各种优势，根据植物的生长习性对其进行合理配置，将其运用在植物种植设计中，实现从湿地植物带到远水陆地植物群的自然过渡，恢复原有的植物生长群落和稳定生物多样性。

（3）地形的改造和利用

在湿地公园景观设计营造时，为达到预定的湿地景观效果，可根据现有的场地的地形、地貌进行改造，满足设计的需求。通过对地形的改造以丰富景观层次，使景观植物林缘线产生起伏变化，营造具有韵律美感的景观效果。

（4）生态环保材料的运用

通过对材料的选择与设计力求人工与自然相结合，使公园形成生态性的统一整体。材料选择时应做到具体的场地具体分析，根据不同场地的需求选择符合场地特色和生态性的材料。例如，在铺装设计时尽量避免使用透水性差的硬质材料，可采用透水性好的材料和软质材料，最大限度地让雨水自然均匀地渗透到地下，对地下水源进行补给。

4. 城市湿地公园植物景观规划设计

（1）总体景观规划

湿地公园景观需要合理地进行整体规划，使景观的整体质量能够得到保证，进而使湿地公园景观更加完善。总体景观规划措施有如下几点。第一，合理引进植物种类。考虑到当地植物的特点，在湿地中合理引进植物，使湿地植物种类更加丰富。同时，要加大对湿地公园稀有物种的保护，避免对现有生态环境造成破坏，保障景观质量的完好性。第二，让景观与娱乐设施融为一体。将湿地景观建设与娱乐设施建设相结合，提升湿地公园的休闲特性，并提高湿地景观的经济价值，使城市与湿地能够共同发展。第三，注重湿地景观的观赏性打造。湿地景观的观赏性要能够体现出本市的生态特色，丰富城市面貌。例如，将城市水循环纳入湿地公园改造体系中，对水生植物景观进行改造。通过这种方式，既不会对现有景观造成破坏，又可以继续改造原有景观，降低湿地公园建设成本。第四，注重景观之间的搭配度。湿地景观相互之间也要搭配好，才足以构成良好的整体景观效果。不同景观之间需要设置过渡区域，既要做好景观之间的衔接，又要突出单个景观的鲜明特点，从而形成景观的整体效果，使湿地景观更好地起到美化城市的作用。

（2）陆生植物景观

湿地公园景观中，陆生植物数量较为丰富，改造湿地景观需要合理选择陆生植物，提高湿地公园改造的合理性。陆生植物景观设计过程如下。首先，需要对陆生植物进行选择，选择易存活、易管理的植物，使植物能够迅速适应湿地环境，形成良好的湿地景观基础。在植物选择时，一般以常青植物为主，如乔木等，可使湿地公园处于常绿状态。其次，合理组合湿地植物。湿地植物要能够有效地进行搭配，呈现出多样化状态，从而提高湿地生态的稳定性。例如，将花灌木与乔木相结合，既可以丰富湿地植物的种类，又能够使景观错落有致，使湿地景观更加具有观赏性。最后，合理布局湿地环境的排水功能。排水对于陆生植物的生长较为重要，湿地环境要具备较强的排水能力，为陆生植物提供有利的生长条件，防止水涝现象影响植物生长。比如乔木类植物，耐涝能力较差，具有较高的排水需求，因此乔木类植物要想顺利生长，通常要种植在排水好、地势高的位置。

（3）水生植物景观

水生植物景观是湿地景观的重要组成部分之一，需要合理地进行设计，使湿地景观特点更加鲜明多样。水生植物景观设计过程如下。首先，需要结合水域特点进行设计。选择一些适宜水域环境生长的水生植物，使其能够顺利地存活下来，丰富水生植物种类，使水域环境能够得到有效改善。其次，需要关注水生植物的观赏性。丰富水域环境的同时还需要关注水生植物对水体的净化作用，提高水域环境的自我调节能力。例如，将荷花、睡莲等植物种植在水域中，既可以提高水生植物景观的观赏性，又能够净化水体中的污染，使城市水环境质量得到保障。再次，需要注重水生植物的层次感。水生植物的生长特性使得很难对不同水生植物进行区分，为此，不同植物之间需要保持一定的距离，这样既可以避免植物混合生长在一起，又能够使其具有明显的界线，增加水生植物的层次感。最后，需要注重与岸边植物达到交相辉映的效果，在岸边种植蔷薇、垂柳等，可以与水生植物相互形成映衬，使植物之间的搭配更加和谐，进一步提高水生植物景观的观赏价值，提高水域景观的多样性。

（4）建筑周边景观

在湿地公园景观中，建筑周边景观的设计也是重要的一部分。良好的建筑周边景观能够与城市环境相结合。首先，需要对建筑规模进行考虑。既不能对植物生长形成遮挡阻碍，又要与湿地景观相辅相成，更加突出景观特色。同时也要防止植物生长对周边建筑造成影响，使建筑能够和谐地融入湿地环境中。比如，要注意植物相对于建筑位置的合理性布局，在边角区域可以配置假山、矮植等，使边角区域得到美化的同时，又能削弱边角区域的突兀感。其次，需要做好道路景观的设计。一方面，需要保障道路的质量，使其能够穿插在湿地景观中，便于行人观赏湿地景观。另一方面，道路两侧要种植植物，最大化地美化道路，使道路环境更加完善。最后，需要考虑地形特点。可以对坡度进行适当的改造，使坡度大于 1.0 %，这样既可以增加地形的排水效果，便于植物生长，防止出现水涝现象，又能够使植物具有层次感，提高湿地景观的观赏性。

（5）构建自然岸线景观

岸线是水体与土壤结合的过渡、缓冲区域，蕴藏着极大的生态调和功能，可以为动物、植物群落提供优良的生存空间。湿地公园景观设计时一定要做好衔接，过渡要尽量做到自然，避免给人生硬、刻板之感。通常用乔、灌、草结合，常绿与落叶相融合的方式，打造移步换景的变化感。在植物布局上，也要充分考虑植物高度、叶形、叶色等的搭配，数量要适中，位置要错落，切忌等距离种植，同时还要避免杂乱无章的状况。以水深变化为依据，有序种植水生、耐水植物，还可以借助交叉隔离手法插入植物组团，打造细致与粗犷融合的自然岸线景观，利用植物提升岸、水之间的协调性，提升城市湿地公园景观整体饱和度，给人以浑然天成的感受。

二、居住区景观规划设计

（一）居住区景观概念

居住区景观是指包括自然要素、人工要素和人文要素三大要素在内的住区外部空间环境。其不仅包含地形、水体、植物、建筑、道路、广场、构筑物等特定的客观元素，而且蕴含着各个地区所涵盖在元素中的文化、精神、习俗等主观元素。这些客观元素与主观元素共同构建成具有艺术性与生活感的居住区景观。

（二）居住区景观设计

1. 居住区景观设计分类

从我国现代居住区景观环境设计来看，主要分为以下三类。

（1）普通大众住宅小区

20 世纪 90 年代前，城市中主要为多层建筑，根据国家有关规定，根据小区的风格，在小区内配套一系列基础设施，为居民休闲交流提供公共绿地。由于这类居住区数量多，人口比例大，社会关注程度也较高，属于常规居住区，在这样的住宅区中，绿地的设计是非常重要的。

（2）高端别墅住宅区

这类的居住区并不属于主流住宅类型，一般是少数具有经济能力的人所倾向的私人别墅类型，但是随着经济社会的快速发展，大中城市中高端别墅的比例也逐渐上升，越来越多的人进入中高产阶级，开始选择这类别墅居住区。其住宅小区有广阔的居住面积，优美的自然空间环境、高品质的公共风景和绿化程度，还包括有良好景观效果的私人花园景观区。

（3）传统式民居宅园

目前仍保留的特色传统民居宅园以传统方式居住，多为自建的单层或高层住宅，一般历史悠久，有岁月的痕迹，自然环境优美，生活意境亲切愉悦。但与现代居住区相比，传统民居的基础设施相对落后，居住空间相对狭小，居住空间的建筑形式和景观设计类型相对单一。

2. 居住区景观设计要素

居住区景观设计的基础是为人服务，是根据人们的日常生活及行为需求所得出的景观设计。居住区景观设计结合了生态学、心理学、地理学、美学等学科对景观的结构与形态进行管理、规划、保护与恢复和再造，并最终实施综合的分析与规划布局，达到人、自然、建筑和谐共生。

居住区的规划与景观设计是科学运用各构成要素，合理利用土地，精心塑造各项用地的空间环境。构成居住区环境景观的要素可分为两类：一种是物质的构成，即人、建筑、水体、道路、庭院、设施、小品等实体要素；另一种是精神文化构成，历史、文脉、特色等。居住区景观设计的最终目的是为社区居民创建出舒适自然、生态全能的社区生活环境。依据具体场地现有基础条件，对环境周边概况的合理分析，合理科学地运用景观规划设计手法，结合植物、小品、铺装等具有造景功能的设计实物，以尊重自然、以人为本为前提，通过设计来满足社区居民对于居住户外环境功能性和观赏性的需求。

3. 居住区景观设计的发展历程

（1）居住区景观产生的契机

在国家经济日益增长、人民生活水平不断提高，人们对美好生活的向往和对生活质量的要求越来越高的大环境下，本着提升和改善居住条件的目的与宗旨，景观设计师开始尝试将中国传统园林艺术融入居住区景观设计，以适应现代生活的需要。新中式居住区景观在这种趋势下应运而生。新中式居住区景观设计继承和发扬了园林设计中将地域文化和传统文化融入景观设计中的独特国粹，既包含了中国传统文化要素，同时也符合现代审美及使用需求，是社会需求与文化艺术需求共同推动的结果。所以，新中式居住区景观的产生除政治、经济、社会需求等方面外，同时也包含了文化、艺术和园林自身发展的因素。

①经济的发展与人民对更高生活质量的需求

随着时代的变迁，近年来我国经济发展迅速，人民生活水平显著提高，民族责任感和自信心逐渐增强，以及对美好生活的追求向往，使得越来越多的人开始倾向于民族传统和地方特色文化，寻找具有中国古典美的园林生活景观。

②自我认知下的文化传承

传统文化是最贴近中国人生活、能够与国人在精神上产生共鸣的实用文化，是自古至今都被人们接受和认可的主流文化，是与时俱进的本土特色文化。经济发展带动了社会的进步，促进了物质水平的提高，但文化的传承与发展却不是物质文明提高所能替代的，文化是一个民族精神世界的重要支柱。我们渴望传统文化的回归，只有当真正的传统文化回归社会时，人们才能受到这种文化的启发和熏陶。

③精神归属的需求

在社会的不断发展中，我们的生活水平不断提高，城市也在不断扩大。但我们只是感受到了社会的繁荣和物质文明的丰富，却越来越感受不到精神文化和文明的滋养。机械式的生活逐渐使人们对所处的环境感到陌生，精神的空虚和对精神文明的渴望成为人们普遍的追求。正是由于这些因素，设计师开始寻求一种既符合时代精神，又能继承和发扬传统文化的新景观。新中式居住区景观的出现就是通过现代居住需求与传统文化的碰撞和融合来唤醒人们内心深处的精神诉求，以求达到共鸣。

（2）居住环境的发展历程

生活方式的变化反映了人类居住空间环境的变迁，也显示了人们生活环境观念的变化。由于中国各地区自然环境和社会人文状况的差别，不同地区的居住状况也呈现出不同的变化，这种发展变化对现代居住区景观环境建设有重要的借鉴意义。

①原始社会的居住环境

人类对生活环境的选择可以追溯到原始时代。当时，人们根据所处地域的地理环境、水文气候等因素，营建合适的居住场所，由穴居、巢居、半穴居发展至地面建筑。其中穴居是目前已知的最早的人类居住形式之一，多为早期北方人民采用的居住模式，天然岩洞和人为掘地为室是穴居的两种不同方式，这种选择标准更多的是出自生存的本能，到现在晋陕居民还延续着这种生活方式，这也是原始洞穴在特定气候地理条件下顽强的生命力所在；半穴居是一种过渡模式的居住方式，是根据当地水文地理环境形成的一种特殊居住方式；巢居主要见于南方，其代表是河姆渡文化的生活方式。

②封建社会的居住环境

封建社会时代，随着社会的发展进步，国力的强盛，经济的繁荣和文化的发展，人们的审美意识大大提高，外加封建礼制的规范和影响，推动了居住环境的进一步发展，不同阶层的人们对住宅园林环境的营造也重视起来。商周时期就出现了对皇家园林绿化活动的相关描述记载。春秋战国时期，统治阶级开始强调生活空间环境的建模，并有了对园林景观建设的认识。封建社会后期，园林建设作为皇家生活的配套设施已经走向非常成熟的阶段。如清代的颐和园，以山水的形式营造出一个幽闭与恢弘结合的空间，整个园林集住宅和园林景观于一体，它不仅展现了住宅园林设计的非凡技能水平和艺术品位，也展现了居住者对自然风景的追求。颐和园是迄今为止我国罕见的古典园林，其所包含的许多原则对现代住宅空间的建设具有启发和指导作用。除居住建筑和设施外，通常还有雅致的园林景观，不仅美化了居住交往空间，也体现了园主的情怀、抱负和理想。

③近现代社会的居住环境

近现代以来，随着经济的发展和社会制度的变化，土地政策和居住区模式也随之发生改变。为了顺应社会的快速发展，居住区商品化得到了普及并在各城市中占据主导地位，这些因素使我国城市居住区得以快速发展。住宅区除了继承历史上的“私人”住宅花园，同时还增加了居民共享的大型公共绿地，成为传统庭院扩建的综合体。

4. 居住区景观设计中存在的问题

（1）忽视地域性

居住区景观设计应延续当地地域特性，不同的区域具有不一样的气候类型和地貌特征，当地的植物群落和生态系统也各有特色。部分开发商一套设计系统在不同地区不进行改变直接落地实施，对地方历史和文化底蕴的研究浮于表面，盲目追求新、奇、特，忽略绿色生态和适地适树的生态设计原则，在树种选择上为求效果不考虑植物适应性，或植物搭配只从美学角度考虑，不符合植物生长特性，使得后期维护和保养成本增加，缺乏理性地去寻求平面构成上的图案化表达，从而造成了部分居住区景观设计缺乏地域性特点。

（2）存在形式主义

形式主义，即追求单纯的景观设计，缺乏统一特征，忽略与文脉特征、基址环境之间的结合。对设计元素的运用缺乏创新性，思考片面，盲目效仿，单一堆砌等一系列问题的出现，是未考虑基址环境可持续发展问题所导致的结果，最终导致景观主题缺乏韵味。形式主义的设计只是单纯停留在事物的外部，忽略社会的发展需要、居住者情感需求，以及景观自身的可持续发展性。

（3）设计无规律

在设计过程中，对表达主题与空间环境的特点缺乏细致分析，对场地基址环境的考虑不全面，设计师根据自己的感觉随意设计，导致设计定位不明确，设计主题呈现随意性，意境营造无规律，以至于景观没有内涵，既不美观，也不实用，造成资源浪费。

（4）绿化缺乏业主服务

由于绿化率需要达到一定的标准，而房地产企业需要加快回款速度，因此部分房地产企业通常会选择通过硬质的材料对绿地进行围合来加快进度，景观绿化不能为人使用。同时，结合围栏等构筑元素将大部分绿地围合成相对密闭的空间，除在观感及绿化率上给居住区带来相应的改变外，无法满足居民其他的生活及心理需求。绿地空间类型单一，景观参与性不强，再加上在垂直绿化上忽视人们的视觉点，大部分的林下封闭性较强的空间使居民感到内心压抑，且出行不便。半开敞空间的不足，导致无法提供给居民一个能够短暂地在室外休息及交流的空间。大多数居住区没有开敞性草坪供居民休闲停留。景观绿化只满足于眼前效果，不能满足业主其他功能性需求，形式简单，类型单一。

（5）意境空间设计随意

意境空间的设计逐渐深入民居生活，主要是借鉴传统园林中意境的设计手段，再结合现代元素进行融合设计。但是现代新中式居住区景观的意境营造大多较为复杂，且没有完整的主题串联，以至于意境的设计毫无章法可言。意境设计不仅要考虑传统文化的应用，还要基于现代人的需求，结合基址环境的特性，如地域文化、地形地势、有景可借、有山可依等因素，才能营造适宜的意境环境。

（6）适应老龄化的设施不足

随着人口老龄化问题日益严重，老年人的晚年生活品质越来越受到大众的关注，相比于年轻人，老年人在家的时间更长，由于多方面因素的制约，老年人日常大部分时间是在居住区公共景观环境中度过的，他们需要一定的公共空间进行简单的身体锻炼，同时能够呼吸到大自然的空气，但目前我国的绝大部分居住区中，公共空间秩序、功能设计混乱，在设计的过程中没有对活动区域、安静区域、向阳区域、背阴区域进行有效的设计，造成了一部分区域的使用性限制，有时甚至会造成一定的矛盾冲突，在居住区功能设计范围内，没有足够的空间满足老年人对公共空间的需求。

同时，在公共基础设施设计方面，小区基础服务设施缺失，对无障碍性等功能性设施设计重视程度低。户外公共环境方面，在目前的居住区景观设施设计中对老年人群体的安全性和舒适性设计考虑不足，在娱乐健身设施设计中，多数健身设施破旧、后期维护管理不到位、设施分布不合理、数量不多等问题也限制了老年群体的使用。

（7）无法满足现代化需求

随着我国经济社会的高速发展和城市化进程的不断加快，大众对于居住区空间环境的需求也在随之变化，如何利用居住区空间环境来缓解现代社会人类的工作、劳动带来的压力，生活空间的环境质量逐步成为居住区设计中的重点和核心。在解决基本的生存问题之外，人们日益丰富的精神需求成了设计师关注的重点。与此同时，在2020年第七次全国人口普查的背景下，人口老龄化和少子化现象的加剧导致了目前我国的绝大部分的家庭结构发生变化，虽然家庭的数量在不断增长，但是家庭成员人数却在减少，随着社会的飞速发展，人们的生活节奏不断加快，社会的需求也发生了较大变化，人们逐渐意识到社会的交往和活动的重要性，因此舒适且具有人情味的空间环境成了人们对现今居住区环境的一种渴望。

5. 居住区景观设计的发展趋势

随着经济和社会生活水平的提高与发展，居住者对于居住区景观环境与居住质量的要求也在不断提高。都市较快的生活节奏也使人们感到厌倦，回归传统居住方式，尊享意境之美成为越来越多人所追求与渴望生活。在此背景之下，“新中式”居住区应运而生并得到了快速发展，而未来的“新中式”居住区景观应该尊重历史文化，尊重场地条件，与居住区原有基址环境充分融合，在保持原有生态环境的原则下，本着“以人为本”与“生态可持续发展”的设计理念，力求在满足现代人对生活居住的物质与精神的需求下，从不同的角度出发对传统居住方式与现代需求进行完美的诠释、融合与演绎，打造适合现代人居住的“新中式”居住区景观。

（1）多元化发展

基于地域文化、场地条件及审美水平差异性，新中式居住区景观设计由过去的模仿复制向多元化方向发展，从场地出发，在注重其功能性的同时，更加强调景观艺术美观性与意境观赏性，在为居住者提供便利生活的物质基础之上并为其提供文化与艺术涵养的精神享受，给居住者创造一个安逸舒适、美观怡人、富有生活意境的空间。因此，针对不同地区，不同场地、面对不同的居住人群，在居住区景观设计之时，应该在满足居住功能需求的基础之上，针对基址环境本身适当地使用新材料与新技术进行居住区景观意境的个性化营造，展现不同文化的传承，创造多元化的新中式居住社区。

（2）可持续发展

居住区作为人们生活居住空间的同时，更应是各类动植物的“生活家园”。只有充分认识生物与生境的和谐统一，才能使生物更加具有多样性，打造出一个生态“可持续发展”的良性生活居住空间。因此，设计者只有在充分调查、掌握并认识场地的基础上，从场地基址环境出发，通过生态可持续的设计手法来经营场地，这样既可以实现生态节约的居住环境的营造，又可以通过这些自然生态的手段调节居住区的居住环境质量，节省资源和成本，从而实现可持续发展。所以，新中式居住区的景观规划设计不仅是设计学科的应用范畴，而是集合生态学、设计学、社会学等多学科于一体的综合范畴。

良好的居住景观有利于提高居民的自我修养，同时素质高的居住者会对居住环境更为呵护。景观设计师应该抓住这种“互利”的效应，采用科学生态的方法来营造一个生态安逸、便捷舒适又节能环保的居住社区，改善生活环境，增加居住者归属感。

（三）国内居住区景观的创新

需求是发展和创新的源泉。出于满足居住者的需求和爱好，新中式景观设计要注意以下几点。首先，景观设计必须与现代设计理念和设计方法相结合，在营造景观意境的同时，充分考虑其实用性和参与性。其次，在美感上，现代简洁的设计更符合大众的审美标准，在传统符号的应用上应结合现代设计手法，经过提炼简化，以抽象写意的方式呈现。最后，新材料、新技术的发展为新中式材料的应用和创造性的表现提供了更多发挥的空间，在材料的运用上，设计师试图通过现代设计语言，融合中国传统古典园林的原型，创作出兼具古典园林魅力、时代性和实用性的作品，并与科技相结合，更加全面地营造空间氛围，具有丰富的景观空间体验，多维度诠释东方园林魅力。在这些基础上，本着推陈出新、适应大众需求的原则，近年来国内居住区景观进行了以下创新。

1. 现代居住区景观的公共性扩展

设计便于交往的生活居住空间关键在于为居民提供交流的机会，营造公众交往氛围是现代住宅景观创新的一个主要方面，居住区内人们之间的公共交往是社会形成的重要途径。良好的公共空间有利于促进人际交往，在交流中加深理解，在日常生活中发挥着重要的社会功能，增加公众社会参与度，创造良好的生活环境。

2. 空间的围合与开放

空间的围合可以给人一种领域感和归属感，通过空间的合并而形成的内部空间成为人们愿意留下的地方，居住区内部的包围空间以植物、绿化、铺装、座位等形式包围。人类通常可以出于心理需要限制自己的环境范围，在这种环境中可以获得良好的认同感、领域感。舒适空间需要封闭性、边界性、易掌握性、稳定性等积极因素，但围合不等同于封闭，只有具备连续性和开放性才能形成良好的社会和交流环境。

3. 创新与可持续性发展理念

现代社会的创新和城市空间景观设计的发展已成为保护当地文化和增强城市空间特性的有效途径。新中式居住区不仅要成为人类的居住地，还要实现居住区的生物多样性，充分考虑和利用现有环境特点，加强绿色植物和绿地建设，除了为居民提供更自然的环境，环境手段还可以调节空气、物质等的流通，并使其成为“可持续发展”的生态空间。新中式的风格符合很多人的新审美，值得我们推广，真正的应用不是简单地还原过去，复制过去，而是让传统与现代紧密相连，创造适合中国人民的生活环境，既满足现代人的审美需求，又有中国传统的魅力。

（四）居住区景观人性化设计

居住空间景观是城市景观中人们接触最频繁的场景之一，人性化设计是社会发展的必然结果，在居住区景观设计中，设计师通过关注居住人群的思想、心理和精神追求，在设计全领域中应做到坚持以人为本的设计原则，充分体现人性化设计，能够将人文、生态及社会多元性地融为一体，进而满足多方面的设计需求，为创建生态和谐的居住区景观和优美的居住环境提供一些借鉴。

1. 人性化的概念

人性化是指满足人的生理、心理、物质和精神需求的一种设计理念。因此，人性化的居住区景观设计需要充分考虑居民的生理、心理等方面的需求，并由此展开富有艺术性的设计，如此才能使居住区成为居民温馨的家。

2. 居民的人性化需求分析

（1）居民的生理需求

居民的生理需求强调居住区有充足的光照条件、舒适的自然风、适宜的温湿度。光照是居住区景观中必不可少的自然元素，对居民的生活质量与环境感受有重要的影响。因此，设计中应考虑冬季充足的采光及夏季适当的遮阴，营造舒适宜人的居住区环境，保证居民日常出行、健身、交流等活动的顺利进行。自然风具有促进空气流通、调节温湿度等作用，有助于改善居住区的内部环境质量。流动的自然风能使人感到清爽，有利于居民的身体健康。因此，在景观设计中巧用风，也是实现居民人性化需求的有效途径。温湿度是人体皮肤的直接感受，温湿度适宜时人会感觉舒适，产生良好的心理情绪，相反则会导致负面情绪的生成。因此，居住区景观设计应当注重通过植物营造、空间围合等方式改善居住区环境的温湿度，避免环境过湿或过干。

（2）居民的行为需求

居民行为需求考虑的重点在于老年群体与儿童群体。

老年群体作为居住区的使用主体，拥有较其他群体而言更多的活动时间与更大的跨度空间，是人性化设计的重点。因此，在景观设计中，要创造良好的通风、采光和温湿度条件，保护老年群体的健康。还可以设置不同类型的活动场所和功能复合空间，使老年群体融入更广泛的群体、得到更多的交流，从而获得积极的生活态度。

儿童群体往往有着强烈的探索欲望，是居住区中较为活跃但也较为脆弱的群体。儿童群体的活动往往需要家长的监护与陪同，且儿童时期作为孩子模仿能力、求知欲、动手能力、学习能力较强的阶段，对于居住区景观所能提供的环境支持有了更高的要求。因此，在景观设计中安全性的设计需求被排首位，儿童群体活动的场所应远离交通道路，用圆角处理场地和设施的边缘，并选择软土地面铺装。根据不同年龄的儿童群体的认知需求，设置独立的活动场地、丰富的活动材料，增加活动的选择性与趣味性。

（3）居民的心理需求

居民的心理需求包括居住安全感、环境归属感、情感需求三个方面。居住安全感是居住区居民最基本的诉求，是居民在居住区生活的前提。环境归属感则是把冰冷的居住区改造成温馨之家的关键。归属感来源于居民对于居住区环境的认知与熟悉程度。情感是人固有的自然属性，是人与外界沟通的桥梁。居住区中积极乐观的情感交流有助于居民培养正确的人生观与良好的日常心态。因此，在人性化的居住区景观设计中要满足居民的心理需求，做好安全感、归属感和情感需求三方面的建设，才能更好地实现人性化景观设计。

3. 人性化居住区景观设计的应用

（1）优化区域定位

人是典型的群居生物，然而居住场景是最常见的人类聚集地之一。居住区景观设计合理与否在一定程度上影响着居住区的功能水平高低。随着市场经济的逐步发展，商品房购买已成为当代家庭面临的最严肃的话题之一，从传统的刚需住房到现在的改善型住房，由于精神与文化需求的提升，人们的对于居住区环境的要求越来越多样化，对居住环境的要求早已不仅仅停留在满足基本生活功能的水平上，越来越多的家庭在购房时开始考虑居住区的景观环境设计和居住体验，以及其他配套设施等多方面因素。现如今在居住区景观设计时要更多地考虑满足人们生理与心理需求。人性化理念逐步成为景观设计中在居住区设计的重要评价标准，根据居民综合性要求，在景观设计时对功能性设计进行不断优化，例如老年人因年龄、文化层次不同，其兴趣爱好、人生观、价值观也有所不同，在相互交往的过程中产生了互为吸引与共鸣的内在感应。老年人常聚集在一起进行下棋、弹奏演唱、广场舞、太极拳、打牌等活动。根据这样的聚集特性，在设置交往空间时应在适合的沿路形成半封闭空间，既不增加老年人步行距离，同时又可以形成吸引人流的空间设计，促进老年人之间的互动，丰富其晚年生活，并保证静态休息区域与动态群体交往空间互通，让老人在静态区域能够看到动态区域，满足老年人“人看人”的心理特点，为人们提供更优质完善的人性化服务。

（2）考虑心理需求

随着我国社会进入现代化发展时期，人们的生活节奏越来越快，上班族日复一日地重复着相似的工作；学生每天除了学校的学习任务，还要上各种辅导班；一部分老年人为了减轻儿女的负担，来到了一个陌生的城市帮助儿女带孩子。每个年龄层的人都有越来越普遍的心理问题，精神需求无法达到满足。在居住区景观设计时应根据各年龄层的不同需求，进行相对应的景观异质性空间设计，满足老年人的交往空间，让老年人在交际中体现自身的价值；给工作压力大的人群提供一个能缓释社会压力，缓解心理疲倦和生理疲惫，同时可以促进亲情关系的交往空间和平台，在居住区景观规划设计中就显得尤为重要；同样对于当代青年人设计出符合时下青年人喜欢的户外休闲娱乐场地，帮助青年一代适当远离电子设备和虚拟世界，感受自然的美好；对儿童来说，自然已赋予儿童对秩序的敏感性，使其可以区别各种物体之间的联系，看到一个整体的环境，使儿童自己去适应环境。在居住区景观空间设计上通过合理的规划，构成一个良好的居住区全龄化人际交往体系，从而增进人与人之间的感情共鸣。

（3）满足多样异质性需求

居住区景观通过多元性的材质、色彩和平立面构成等设计元素构建景观子系统，这些设计元素的特点形成了景观的异质性，异质性代表居住区景观的多元性与趣味性。在居住区设计中局部的异质性能够使整体更多元化，但设计时要注意秩序，避免杂乱，做到整体性与异质性之间的动态平衡。在景观设计时对不同区域的设计元素进行群化，由此产生子系统的异质性。这样将不同元素的空间组织为一个全新的景观系统，完成了从局部到整体新的景观语言的设计，把焦点从单个设计元素的异质性升华到整体宏观的审视与研究上，将居住区景观设计视为一个有机的整体，由全方位“人本主义”塑造整体空间。

（4）重视适老化景观及基础设施的建设

随着人口老龄化问题的加剧，应在居住区景观设计中更多地考虑适老化设计，由于老年人身体机能退化，会出现一部分视听能力下降及记忆缺陷问题，因此在居住区设计时高识别性显得尤为重要。通过一些鲜明的色彩、造型有特点的构筑物的设计能够帮助老年人辨别方向；利用材质、纹理、比例和图案的差异性来设计导引标识，提高识别性。在空间尺度上对于老年人来说可达性及小尺度空间更重要，中小尺度的亭廊可以让老年人熟悉周围环境，拥有通透的视线，同时在意外发生时能够及时寻求帮助。在室外基础设施设计时增设缓坡步道，方便轮椅的出行，设置栏杆、扶手等设施帮助一些老年人进行恢复训练，在铺装设计时注重防雨、防滑、防跌倒的材料选择。在居住区景观设计中做到综合思考，提供更多样的适老空间与设施，为不同需求的老年人提供不同的选择余地，满足老年人生理上对便捷、舒适的需求及心理上对邻里感、归属感、领域感、自我实现的需求。

（5）保护生态环境的设计

针对我国目前的经济社会发展目标，在居住区景观设计中也应注重绿色发展，促进人与自然和谐共生。在宏观规划上做到居住区生态和整体片区环境和谐统一，在细节上注重原有的植被保护。根据因地制宜、适地适树的设计思路，在植物设计上尽可能采用乡土树种进行种植，尊重植物的生长特征，合理选材，既要保证成活率，也要减少物种入侵的危害和后期的维护保养，遵循植物生长的正态发展逻辑。尽可能将日照、风、水等自然资源进行充分利用，产生类自然生态循环系统，减少人为干预。尽可能避免大量应用亭台楼阁或硬质铺装的设计，在铺装设计上尽可能采用透水材料，同时注重防滑，让自然水得到生态循环，符合现阶段海绵城市的建设。设计时，在考虑融入自然、尊重自然的同时进行人性化设计，也是在一定程度上体现人与自然和谐共生的发展目标。

（五）新中式居住区景观规划设计

1. 新中式居住景观的概念

新中式居住区景观是在总结归纳中国传统古典园林基础之上，借鉴中国传统造园手法、工艺与元素，运用现代景观材料与技艺，在现代居住空间中演绎诗情画意，勾勒唯美与耐人寻味的中国情韵，纳山水之景，收四时之美，营造中国传统居住景观环境的归属感、舒适感与亲切感，满足现代人生活物质与精神文化需求并符合现代审美观念的居住区景观。

2. 新中式居住区景观要素的提取

（1）植物在景观空间中的应用

新中式景区环境建设在坚持民族、传统、本土化原则的前提下，吸取了西方造园理念，在景观植物的设计上比中国古典园林更加简洁清晰，景观植物采用自然植物和修剪植物两种方法结合栽培，植物层次少，多为两到三层，品种选择也较少。

在设计居住区景观时，通常选用富有中国文化意境的植物，传统园林植物被赋予了许多不同的含义，竹子是新中式居住区景观中最常用的元素之一，是中国园林的重要组成部分。其他如兰花、松柏等，这些意义丰富的植物材料在新中式园林建设中发挥了良好的作用，具有深厚的文化内涵。

植物在新中式住宅区的配置主要有两个方面。首先是植物之间的关系及植物之间的共生关系需要从生物学的角度上加以处理。其次是植物与水、岩石、建筑等其他元素之间的关系，植物和这些元素应该相互配合，形成高度观赏性的景观。在配置和建造时，其质量和优劣将直接反映景观本身的美感。一般来说，植物配置应结合周围环境，符合植物自身的生长和气候条件，既要考虑当前的景观，也要注意季节变化带来的景观效果。要因地制宜，适应时代，合理配置植物，才能充分发挥各类植物的特点和功能，坚持移步异景、四季皆有景的景观要求。

此外，还有一些具有地理特征的本地植物，对于这类植物的运用不仅保护了当地的生态环境，也展示了当地景观的特点，这是当地文化的重要标志。

（2）水体在景观空间中的应用

水景是新中式居住区景观空间设计中的重要元素之一，是园林活的灵魂，也是最能突出景观效果的部分之一，自古就有一种理论认为没有水的园林景观就不是完整的园林。自古以来，人们就对水有不一样的感情，认为水是高贵的象征，在风水学中，水象征着财富的来源。一般以水池、叠水等各种形式出现，使居住区景观空间更加层次化，景观表现也更加丰富。

“新中式”风格水要素的设计是遵循“自然天成”的设计理念，它可以大大增强园林的观赏性，不仅丰富了园林空间，而且创造了光影效果。在景观设计中，充分利用水的特性，合理引导居住区水景空间的布局，可以产生动静结合的特殊艺术魅力，符合生态环保要求，达到最佳的水景效果。

（3）山石在景观空间中的应用

新中式景观侧重山水意境的创造，既要满足现代人的审美需求，还要具有传统文化的精髓，从而在景观设计中创新，使新中式园林景观更具韵味。

山石是天然石材或仿石景观中的一种景观布置方式，在中国传统园林中，造园者往往用巧妙的堆砌石材的手法模仿名山大川，园林中的石景营造不仅具有美化园林空间的功能，而且还起到挡土、护坡的作用。为了使其看起来不单调，山石也可以起到分隔空间的作用。目前，园林中石头材料主要是来用大量人工雕刻的大理石或小的鹅卵石等，虽然它们的质感和纹理不同，但是艺术概念和所表达的意境是一样的。

园林中石景通常是由各种各样不同形式的山石组合而成。一般来说，单个的、体积较大的石头通常被用作园林中的主要景色，为了增添文化意境可以在此表面刻上诗词、碑文等名人名言。石景表现的形式有很多种，它们不仅可以单独使用，也可以与景观墙结合使用，使用多石堆积也是景观构成的常见形式，这种景观形式更加丰富，合理的布局可以达到良好的景观效果。

（4）照明在景观空间中的应用

景观营造中照明的目的是提高夜间出行的安全性，方便人们在夜间活动时增强对物体的识别能力，同时可以营造出区别于白天的环境氛围。居住区中的照明系统设计遵循以人为本、绿色节能的设计原则，在满足绿色照明功能需求的同时，通过灯具的照明打造温馨、舒适的居住区夜间景观氛围。

居住区中的照明灯具大致分为两类。一类是道路系统的路灯，用于道路两侧，主要功能是为道路照明。另外一类是景观灯，主要用于辅助照明和烘托景观氛围，主要包含建筑、景观小品、座椅和树木照明灯，根据不同的景观空间氛围选取不同颜色的灯具，可以呈现不一样的景观氛围。

3. 新中式居住区景观意境营造的设计原则

根据现代人自然绿色健康的生活理念，以及对文化与艺术追求的不断提高，对新中式居住区景观意境营造的需求也越来越高。因此，意境营造的设计可遵循以下原则：生态性原则、人文性原则与艺术性原则。

（1）生态性原则

“无往不复，往复无尽”。新中式居住区景观取古典园林之精华，意境营造在要求生态结构健全的同时，应适宜于人类的生存和可持续发展。生态性原则包含生态尺度、生态功能、生态空间美观等。生态尺度即居住区景观意境营造所用建筑小品等元素，应符合人体工程学原理，符合居住人群的使用要求。生态功能即在生态尺度的基础上保持功能的合理性。生态空间美观即意境营造时，不仅讲究舒适性，还要讲究意境美。居住区景观意境营造，利用基地自身优势，因地制宜，准确把握场地的可利用因素设计景观意境，通过植物、山、水、小品等要素进行空间的围合设计，充分考虑生物与生境的关系，保持居住区景观生态平衡，调节居住区的气候环境，丰富视觉感受。

（2）人文性原则

在中国古典园林中，基本是文人、工匠造园，现在的居住区景观大多是由从事景观行业的专业人员设计。随着人们生活水平的提高，追求人文精神成为热潮。在居住区景观意境营造时，要以“人为本”，充分考虑人文关怀，考虑居住人群的生活习惯，考虑居住地区的地域文化，将自身优势融入景观设计的主题和理念之中，让外在景观和内在意境相呼应，自然与人文相结合，做到“师法自然”，达到“肇自然之性，成造化之功”的目的。是否注重居住区景观意境的人文性，能够评判一个居住区品质层次的高低。居住区建设的目的，在于为居民提供休闲、娱乐、交流等活动的空间环境和场所，坚持人文性原则，使居住区景观充满生活气息，以满足不同的年龄，不同的文化层次的人群使用。

（3）艺术性原则

居住区景观艺术不仅考验设计者的设计之美，还有造园者的工艺之美。居住区景观意境的艺术性表达，需要巧妙地利用景观元素，如山水、植物的形体、线条、颜色和材质等元素，结合季相变化，表现其独特的魅力。设计元素统一、调和、均衡，将形式美展现出来。植物的明暗色彩、光影效果、设计元素的呼应，使居住人群领略到清新隽永的诗情画意。将中国传统文学与绘画艺术贯穿于景观意境营造之中，借助有形的、外在的色、香、声、韵，表现思想、品格、意志，创造出寄情于景和触景生情的意境美。赋予有形的物体以人格化，使人的内在美得到升华，达到与自然真正融合的艺术境界。所以，新中式居住区景观意境营造通过文化艺术性的表达，使居住人群能够有更好的居住体验和更高的生活质量。

三、道路景观规划设计

（一）城市道路景观的功能

与一般的绿地景观功能不同，城市道路景观具有多样化的功能布局与空间划分，除了需要与道路本身的交通功能需求相吻合，还肩负着城市形象展示功能、彰显特色的地域风貌和改善生态环境的功能。

1. 保障交通安全

城市道路是衔接城市与乡镇的交通要道，交通服务功能广泛，城市道路中布置科学合理的绿化隔离带，能有效优化道路组织空间，正确引导司机视线和遮挡对面机动车的光线，保障行车安全。同时，能避免车辆与行人乱穿马路，大大提升道路安全性。

2. 展示城市形象

城市道路主要形态要素包含道路旁建筑立面、植物景观、路面铺装等微观要素，这些要素承担着重要的风貌形象与经济文化展示职能，具有反映城市风貌特色的重要作用。例如在城市道路两旁种植一些乡土树种，更能展现城市特有的景观面貌和地域风情。

3. 改善生态环境

城市道路景观中的植物景观作为道路空间中活跃的、特色的景观元素，植物的合理配置直接关系到道路环境生态系统的构建。在建设过程中，需要合理种植植物，根据城市道路的周边生态环境进行搭配，与区域生态融为一体，形成小气候，有助于构建完整的生态系统。另外，城市道路绿化工程中，通过合理的选择和搭配，可发挥绿色植物除尘、降噪、增湿等功能，实现生态的自我调节与发展，从而净化城市环境。

（二）道路景观设计的原则

道路景观除了满足功能性要求，还应注重其景观设计的形式效果要求，在进行道路系统的景观设计时，需要遵循以下五点理论性原则。

（1）道路的功能与性质的满足。

（2）道路使用者需求的满足。

（3）考虑道路规划的整体效益和道路环境可持续发展理论的结合。

（4）划分交通性和生活性为主次的交通动线，在满足交通安全、快捷的同时因地制宜，体现地方特色。

（5）交通景观要求设计者在进行设计思考时需满足交通的舒适性与安全性和景观的经济性与实用性，探求合理的设计方法，创造出以人为本的交通环境。

（三）城市道路景观要素提取

城市道路主要景观要素主要分为沿路建筑、广告与招牌、植物景观、路面与铺地、景观小品及生活性服务设施等。根据相关文献研究，不同专家对以上道路景观构成要素进行了不同的分类总结，主要有以下几种分类。

（1）动态景观与静态景观。

（2）自然景观与人文景观。

（3）布局要素、文化特色要素、植物要素、自然要素、经济要素、社会要素。

（4）道路空间结构、道路绿地植被、建筑物、照明、沿街构筑小品、周边自然环境。

（5）线性空间，包括城市道路中分带、路侧绿化带、节点空间和边坡、边沟等。

（6）慢行系统、机动车道、城市家具、植物绿化、建筑立面、退缩空间。

在城市道路绿地景观改造提升中，选取自然景观要素和人文景观要素基础准则进行优化。其中人文景观要素主要包括绿化（中央分车带绿化、行道树绿化带、交叉口节点绿化、路侧绿带）、建筑（建筑外立面）、安全照明设施（路侧照明灯、交通指示灯等）、防护设施（防撞护栏、隔离栅、防眩板）、道路本身设施、景观艺术设施、旅游配套服务设施。自然景观要素主要包括地形、地貌、水体（沿线湿地、湖泊、江河、海洋等景观）、植物（沿线乡土、森林等植物景观）。

在城市道路景观构成要素中，由于自然景观在改造提升中可塑性强，因此在具体的城市道路景观改造提升项目中，完成绿化改造后，优先改造地形地貌、植物和水体等自然景观要素，然后改造道路本身设施、景观艺术设施和照明安全设施等人文景观，最后再改造虚拟景观。

四、滨水景观规划设计

（一）相关概念

1. 滨水区

滨水区是城市中与河流、湖泊和其他水域相邻地区的统称，是城市中非常有价值的空间区域，并且是城市内部区域的一部分。滨水区的特定空间定义是指相对平缓的空间范围，其中包括 200 m 至 300 m 内的水面及邻近的土地。从理论上讲，滨水区的心理吸引力介于 1 km 至 2 km，一个人的平均步行时间一般为 15 至 30 min，这是一个人在滨水区可以玩得较舒服的行走的路程。

根据相关研究，精确定义了滨水区的土地用途，并将其分为五种主要类型的土地：工商用地、游玩的休闲场所、科学研究用地、住宅用地和进出口的港口用地。

2. 滨水空间

滨水空间指的是陆域与水域相连的一定区域所形成的特定场所，它既属于陆地的边缘，又属于水体的边缘，包含一定的水域空间及邻近水体的陆地空间，具备自然景观与丰富的历史文化内涵，是生态自然系统与人工建设系统相交融的公共性开敞空间，在满足人们健康、舒适、多样性的生活需要，反映美感方面，具有突出的价值。人工环境和自然环境相互协调，共同开发滨水空间，是缓解当前城市发展面临的各种环境危机，同时满足居民游憩休闲需要的最佳方案。

3. 滨水景观

滨水景观是表示特定的水域与周围有关陆域、水际线、构筑物等共同构成景观存在的统称。其中水域类型包括江河、湖泊、海洋和湿地水域等。陆域指与区域内土地紧密相关的动植物群落、建筑或其他人为结果等。水际线是指水体与陆地划分的界限。滨水景观区是构成城市公共开放空间的重要组成部分，并且是城市公共开放空间中兼具自然地景和人工景观的核心区域，其对于城市的意义尤为独特和重要，也是在城市滨水景观中最具活跃度的区域之一。

4. 滨水景观设计

滨水景观通常分为两个区域，一个是陆上空间，另一个是水域空间，两者共同组成滨水景观空间。滨水景观设计通常沿河岸分布，分为垂直空间和水平空间两个方向。河流源头方向流水至下游方向定义为垂直空间，从高到低，随着海拔的变化河流附近土地会出现多样化地貌，如湿地、沼泽等，拥有多样化的生物繁衍条件。而且在垂直方向上会形成高度差，滨水景观设计也能形成重峦叠嶂的感觉，从而丰富景观的形式。河流表面垂直于水流方向定义为水平空间，就是河流的横截面。横截面上可观察到生态驳岸，生态护堤，栈道等自然及人工的滨水景观设计痕迹。滨水景观设计除生态修复这一根本理念外，还强调人的参与性。社会大众需要绿地、亲水与自然交流的平台，而滨水景观设计恰恰符合这一条件，把人体工程学和社会人文气息融合到自然环境中，使生态与人文相结合，实现生态文明建设。

（二）相关理论

1. 恢复生态学理论

恢复生态学是以被破坏的自然生态系统为研究对象，对其被破坏的原因和生态系统恢复及重建的方法进行研究，并对其生态学过程和原理进行分析的学科。城市就是一个不断遭到破坏和威胁的大型生态系统，对城市中的绿地、河流进行保护和重建的过程就是对城市生态系统进行恢复的过程。生态恢复重点在于恢复生态系统自我平衡的能力，恢复其自活力，使其在遭到外界破坏时可以自主恢复。

滨水景观的生态恢复是一个较为复杂且综合性的过程，它不仅具有自然性，同时对滨水区的经济、人文产生影响。

2. 滨水区规划的文态理论

水是生命之源，人类的生活和城市的传承都离不开水，老子云“上善若水”，以水来形容人高洁的品质，孔子曰“智者乐水，仁者乐山”，自古以来，人们对水就心存向往，人们喜欢在水边相聚、交流、学习，也体现了滨水空间对人们有着独特的吸引力。历史的长河孕育出了独特的水文化，人们根据实践经验而总结出怎样认识水、利用水、治理水及欣赏水等。

3. 滨水区规划的心态理论

对于滨水区规划的心态理论主要涉及的是环境心理学，更密切的是环境行为学，这一理论主要是运用心理学的相关概念，研究人与外界环境的相互作用，再将这些研究结论回馈到景观设计中，以此来提高环境品质。环境行为学的研究内容主要包括以下几点。

（1）人的行为特点及其与环境的关系。

（2）环境知觉与环境认知，主要研究人与环境的相互作用，研究表明，人偏爱中等复杂程度的刺激。

（3）空间关系学，主要研究的是人使用空间的方式、个人空间、私密性及领域性。

（4）特定环境下的行为模式，对于不同功能的空间，可以针对不同人群的行为特征设计景观及活动。

可以认为，社会生活很大程度上是由人们生活细节组成的，对人的行为特点、行为模式、环境认知与空间关系的研究，就是了解人对环境的各种需求，从而为景观设计提供依据。

（三）滨水景观空间的分类

1. 按用地性质分类

城市滨水景观可以分为多种类型，按照城市的用地属性和功能的划分，我们可以将城市滨水区的空间类型划分为滨水商贸区、滨水文化娱乐区、滨水自然生态区、滨水居住办公区、滨水历史遗迹保护区、滨水工业港口区六大类。其中滨水自然生态区主要是指处于生态环境中，或打造自然保护的滨水区，或拥有特殊的自然景观风貌的滨水区，能够为人们提供优质的生态性活动的区域。

2. 按空间风格分类

（1）自然形态的滨水景观

由自然环境下形成的或者人类极少参与改造的滨水区域，这类滨水区域一般离市区较远，环境尊崇原生态，有较强的自我修复能力和丰富的生物多样性。

（2）保护修复的滨水景观

用一定的方法保护修复滨水区域的地形、地貌及周围的建筑，保护区域的生态系统及周围的历史性建筑，这对于一个区域内的历史和人文有极大的价值，对城市的形象有较大的提升。在保护区域时，要注意方法，尽可能应用修缮、保护的方式，在不破坏原有的生态系统的前提下，注入新的城市元素增加滨水区域的活力，给区域带来更多的生机。

（3）休闲性的滨水景观

滨水区域可以在人们空闲时期提供给人们一个放松心情、亲朋团聚的优质环境。此类滨水景观设有广场、亲水平台、绿道等设施，为居民提供一个休闲娱乐、文化交流的空间，是一个为人们休闲生活提供多样性功能的空间。

3. 按空间形态分类

滨水景观宏观的空间分类可分为线性景观、点性景观、面性景观。微观的滨水景观可分为自然形滨水景观、平行线滨水景观、折线滨水景观、曲线滨水景观、重叠式滨水景观、网状滨水景观、形体突出式滨水景观。

（四）滨水景观的特征

1. 参与性

水具有参与性，滨水景观会根据水的流域变动而产生变化。通常滨水景观会与城市市容市貌融为一体，具有独特的开放性和包容性，形成你中有我，我中有你的状态。一般滨水景观的范围会从河道流域中间往四周扩散，呈放射状。而河道流域的滨水景观也随之往城市空间延伸，参与到城市空间中来。往往城市空间中能让人眼前一亮的特点就是某个城市滨水景观设计的节点项目，它能调节城市空间与自然环境的平衡点，通过滨水景观设计能提升城市未来形象和品牌，两者互补，互相成就。

2. 脆弱性

水域空间和陆上空间在滨水景观中完美交集，它们背后所代表的是两个生态系统的多样化交融，即水域生态系统和陆上生态系统的多样化交融。众所周知，滨水景观在环境中具有脆弱性，它体现在生物群落和无机环境上。生物群落就是在一定的自然空间中，所有的种群聚集在一起形成群落，例如，一条河流里面的所有生物就是一个群落，一片草地里面的所有生物就是一个群落。通常生物群落里包含所有的种植物和看不见的微生物，而无机环境就是水、土壤、空气、阳光等，两者组合在一起形成生态系统的多样化。但是滨水景观生态系统因为人对城市空间的不断开发而造成环境破坏和污染，河水因大量生活污水排放而造成水质下降，水生生物和陆上生物因空气恶化、土壤自净能力下降造成大规模的灭绝，无一不暗示滨水景观生态系统在城市生态中的脆弱性。因此，人们不能过度以牺牲环境为代价来高速发展经济，应该恢复过去被破坏的滨水景观，提升其在城市中丰富和调节生态系统的作用，给社会带来正面和积极的影响，为大众打造干净整洁可供休闲娱乐的滨水景观。

3. 延展性

滨水景观设计以流域的各个节点分段组团形成。滨水景观小品犹如众多的点，分散在整个流域里，是大众具体活动的休闲场所。而众多的点即滨水景观小品，把它们串联汇集成线，形成了整个流域的分支，大众可以随之参观游览。众多的线，即部分滨水景观小品融合成整体形成完整的滨水景观设计项目，也就形成了面，作为整个流域的主体部分。这样的点线面组团延展滨水景观把人文精神和历史文化遗迹配合休闲娱乐融为一体，形成有特色的从小到大、从疏到密、从简到繁的滨水景观设计。同时，滨水景观设计还可以同时跨区域延展，成为城市与城市之间的绿色连廊。不同的地域风貌，不同的城市风貌，不同的人文气息都能通过城市之间的滨水景观相连，从而达到共同发展，共建生态文明。

（五）滨水景观建设的兴起

在人类发展的历史中，河流使人类摆脱居无定所的游牧状态，并借助河流的自然资源发展农业，以此形成了众多历史文明。结合相关历史的发展也能看出，河流作为人类发展的源头，不仅能够提供给人类生产、居住的环境条件，更能够结合河流的作用衍生出人类的文明。随着河流两岸人口的不断积聚和增长，进而逐渐形成城市，因此早期城市与河流是相互依存的关系。在人们的心中，河流是城市的根基也是生命的血脉，人们享受着河流带来的便利，同时也在不断改变河流的原始结构，从而满足生活供水、防洪、航运等多种功能要求。

工业革命使得人类对于河流资源过度开采，不断被消耗的河流资源，日渐严重的水污染等环境问题，以及现代交通方式的出现，城市河流和滨水区不再是城市中的核心区域，城市中心由河流两岸向内陆地区发展，河流也失去了对人的吸引力，城市滨水区功能衰退。

随着时代的发展，人们逐渐意识到滨水区作为城市特殊的区域空间，其改造设计对改善城市整体环境，提升城市品质和城市形象，重现城市活力有重要的影响。因此，城市滨水区凭借优越的地域条件和自然环境条件，以及深厚的历史文化底蕴、独特的河流文化和人文景观，再次吸引了人们的目光，滨水景观建设进入快速发展时期。

（六）滨水景观设计的功能特性

滨水景观设计从过去到现在一直都在不断更新，积淀了丰厚的文化内涵。要想提升城市形象和品牌建设就必须注入新的动力，即滨水景观设计。它能体现该城市的文化底蕴，促进城市化建设。

1. 提高地区知名度

优秀的滨水景观设计能成为旅游的重要项目，成为特色旅游资源。滨水景观具有包容性、开放性及传播文化的功能，重组和改造滨水景观提升其活力和魅力。把滨水景观打造成为景区以吸引游人，使滨水景观与其他公共空间和设施完美结合，提升滨水景观层次和等级，使滨水景观拥有一定的文化内涵，优化城市的滨水景观旅游资源。

2. 发扬地方特色文化

滨水景观可以与当地的特色文化结合，融入大量当地景观元素，如景观材料方面、叙事性故事等，这样有利于文化的宣传和发展。景观材料方面的选定尽量用当地的材料，既节省经济开支又带有一定的情感在其中，突出其独特性，使大众能识别出并且记住滨水景观从而加深了城市记忆。

3. 传承历史文化

滨水景观应当与城市的历史传承紧紧相连。通过滨水景观能感受该城市深厚的文化底蕴，把城市中的历史遗迹和历史故事结合起来，丰富滨水景观文化内涵。优秀的滨水景观设计要承担起该城市的文化传承作用，把有代表性的历史事件、当地民风民俗、文化信仰融为一体，成为一个会讲故事的滨水景观。进行滨水景观建设的同时也要注重历史痕迹的修复和保护，不能破坏历史痕迹，应当把滨水景观与历史文化完美融合，共同推进城市未来发展。

4. 加强场所认知和情感认同

一般来说，人在面对巨大的城市混凝土建筑时会产生畏惧感，由于缺乏温馨、感性和自然的感受，而难以停留下来。因此，当城市中突然出现一个全新充满活力的滨水景观时，人会选择停留和倾听，感受城市中难得的一片安逸。人们喜欢自然环境的舒适和恬静，所以滨水景观设计要满足人的感情需求，承载人们的感情交流。

5. 提升社会群众审美

审美需要长时间的积累和认知，如何提升审美能力，需要人们去共同努力。但是每个人欣赏美的水平参差不齐，不同的年龄段会有不同的欣赏角度。所以，设计滨水景观时应尽量满足大众审美需求。

（七）滨水景观设计研究现状

1. 国外研究现状

20 世纪 60 年代，欧美很多国家和城市在具有了一定的经济基础之后，开始着眼于城市景观的设计，很多公园、广场等被广泛建设起来，同时也开始了对城市滨水区的景观设计工作，更注重于提升城市形象，挖掘城市新潜力。美国作为经济发展水平领先的城市，在滨水景观规划设计方面也走在世界前沿，最早的滨水景观案例之一出现在美国的巴尔的摩内港，其作为进行滨水景观研究的先驱具有极其重要的现实意义。

到 20 世纪 70 年代，世界上对城市滨水区域进行开发的国家和城市也逐渐增多，并且逐步取得了更多、更好的宝贵经验，如纽约、波士顿、芝加哥、多伦多等都先后取得了较好的成果。

20 世纪 80 年代，全球范围内由于经济的快速增长，工业化进程速度加块，人们与自然的关系日益紧张，越来越多的自然环境污染案例的出现让人们猛然觉醒，人们保护环境的意识也不断提高，城市滨水区对于城市环境的重要作用也被人们关注和重视。因此，越来越多的滨水区景观设计案例如雨后春笋般出现，除了欧美发达国家取得了一定成果，亚洲一些发达国家和发展中国家也取得了一些进展。

2. 国内研究现状

我国的城市滨水景观设计研究与国外相比有着极为不同的背景，由于我国先前的经济发展并没有注意到环境保护的重要性，部分地区走上了边发展边污染的道路。随着人们综合素质和思想水平的提高，人们逐步认识到对滨水区造成的破坏的严重性，并且迫切希望能重新恢复滨水区的生机与活力。因此，人们不再仅仅关注经济的增长，而更多地关注环境质量的改善，城市滨水景观设计也由此兴起。

（八）滨水景观设计原则

1. 尊重自然，和谐共生

滨水景观设计需要将生态环保理念放在首要位置，设计需要做到与生态环境的有机结合，要尊重自然，保护自然。在滨水景观设计中，希望通过设计能对环境起到治理保护的作用，为改善生态环境、增加物种多样性、创造美丽家园做贡献。

在尊重保护自然的同时，还要做到和谐共生。在滨水景观营造中，必然会出现一些人造景观和一些景观建筑，在设计时需要考虑如何最大限度地减少这些人造景观对周围环境所产生的不良影响，让设计与环境融为一体，相互衬托。

2. 因地制宜，发扬本土特色

为避免景观同质化，在滨水景观设计中将本土化的文化元素和自然元素运用到其中，增加滨水景观的特色性。同时，根据设计区域内的实际情况而做出的本土化设计方案，也能最大限度发挥其价值，还能减少相应的成本。将本土文化运用到景观设计中，不仅可以增加景观趣味性，对于文化的传承与发扬也有重要的作用。

3. 以人为本，服务于民

要遵循“以人为本”的设计理念，滨水景观设计中要考虑到人与景观之间的互动性，可以设置一些亲水平台和驳岸来增强亲水性和娱乐性。滨水景观的设计总体意义上来说还是服务于民，因此在设计中需要充分考虑人的需求，增加它的功能性，使其最大限度地发挥其社会价值，使其不仅仅只有审美上的价值，还要有实用价值。

4. 整治空间环境，展现城市风貌

通过景观节点设计，如景观装置、滨水绿道、景观广场等，将城市与滨水景观串联起来，在增强景观效果的同时，也完善了城市公共活动系统，使城市空间更加人性化，对于整体城市形象的提升也能起到良好的促进作用。

（九）滨水景观设计现存的问题

1. 地域特色文化的引入有所欠缺

每个城市都有自己文化内涵，应将其融入滨水景观中去，可以保留历史文物，可以建设新的构筑物，把当地的特色保存下来，继续传承下去。

2. 生态观念与景观观念相对立

古代的人们生活在绿水青山的怀抱中，空气清新，水质优秀，土壤肥沃，而现代城市的高速发展使人们很难再欣赏到这么优质的自然生态环境。人们的过度干预影响了自然生态环境。道路修建侵蚀河道，多数河道被混凝土硬化；生活污水未经处理排放，水质进一步恶化；等等。自然景观消失殆尽，生态功能被破坏，人们也失去了良好的自然生态环境。

3. 整体规划体系有待完善

我国滨水景观目前有三大难题，即规划法则体系缺失，规划行政体系不作为，规划运作体系怠慢。因此，我国的景观规划体系应适应城市的不断更新发展而完善。规划体系应建立一整套标准制度，把以人为本放在首位，设计出满足大众需求的滨水景观，同时应当提升城市形象建设。滨水景观设计应带有后期评价制度，不断跟进滨水景观设计是否真正做到以人为本，把长期调查持续下去有利于以后的滨水景观设计更完善。

第四章　现代化城市规划设计

随着我国城市的发展，出现了不同理念的城市，笔者对比进行了相关规划研究。本章内容为现代化城市规划设计，主要从三个方面进行了介绍，分别为海绵城市规划设计、森林城市规划设计、旅游城市规划设计。

第一节　海绵城市规划设计

一、海绵城市概述

（一）海绵城市的概念

所谓海绵城市，其实是指城市通过采取一些工程措施，能够像海绵一样自如地进行吸水、储存和合理释放天然水，增加城市的弹性、韧性，通过充分利用建筑、道路和绿地、河湖等对城市雨水进行管控，有效控制雨水径流，实现城市雨水积存、渗透、净化的一种新型城市建设管理模式，能够有效改善城市人居生态系统的水生态循环，进而为其带来可观的经济效益。

实施海绵城市建设的主要经济效益包括：将城市排水基础设施与公园绿地、河湖水体等空间资源综合利用在一起，净增成本较低；大幅度地削减了景观水体等环境主要污染源的防治养护费用，降低了因在城市范围内发生自然灾害可能造成的财产上巨额损失；注重对水体进行生态保护和综合利用，减少城市排水渠道管道和大型钢筋混凝土蓄水池等设施的建设工程量。其生态效益包括：修复城市水生态环境，产生良好的生态效益；明显扩大城市水系、绿化的空间，缓解城市中心区的热岛效应，改善了人居环境。

（二）海绵城市提出的背景

现如今，我国存在严重的水危机，如水污染、洪涝灾害、水资源短缺等，这些问题的存在不仅影响我国的社会经济发展，还给国民的日常生活带来不便，仅仅依靠水利部门，这些综合问题是难以从根源消除的，这就需要一个系统的解决方案来协助处理，而“海绵城市”理论就是基于这样的背景下产生并被利用的。我国水危机产生的原因主要包括以下三方面。

（1）受地理位置及季风气候影响。每年6—9月份，受东南季风及西南季风影响，我国的降水量陡增，洪涝灾害也因此频发。而汛期洪水峰高量大，其中未被利用和自行下渗的部分会导致河流出现断流现象，两者交替发生使得水危机越发严重。另外，我国多数大中型城市还存在内涝问题，且随着降水量增多愈显严重，也为城市带来了严重的经济损失。

（2）受城市化进程影响。随着我国国民经济的飞速发展，城市化进程也加快了步伐，随之而来的水资源开发和利用力度大幅提升，在这个过程中，水资源浪费及污染现象日益显现。例如，我国的黄河就因水资源被过度开发出现断流现象，而其他的诸如湿地、湖泊也难以逃脱消失的命运。另外，随着人口增多而来的地表水质变差、水资源枯竭问题，相关部门对此解决的策略便是进行地下水采集工作，这不仅不能作为拯救措施，还会对地下水资源造成污染并引发地表下降问题。

（3）受不合理的利用和开发影响。城市化进程带动了建筑行业及各项基础设施的建设，而工程在施工过程中，如果不被合理控制和管理，便会造成诸多水危机。诸如，破坏植被导致水土流失，开发不当造成的河流湖泊分散断连，开采过度造成地表及地下水污染，等等。这些都会改变河流原有走势及流速，在遇雷雨天气时就会产生新的危机及突如其来的灾祸。我国近些年修建了许多堤坝和水库来进行水资源的开发利用，但这项工程为水利建设做贡献的同时也影响了河流径流量，使其水量大幅下降。另外，一旦水库堤坝出现安全问题，那么下游的生态环境便会遭受严重损害。为了扩大耕地面积而采取的像填河造地、围垦湿地湖泊等举措，不仅使河流蓄洪能力降低，还影响了湖泊和湿地的面积。

（三）海绵城市理念

1. 概述

针对海绵城市而言，即存在海绵基础特征的相关城市，海绵自身具备非常强的吸水特征和蓄水特征，其主要作用是增加城市中的水资源，可以得到充分地利用。在以往传统的城市建设中关于排水系统的相关建设主要是使用比较粗略的方式，没有充分考量对自然环境造成的影响，特别是对水资源及土地资源等资源的过度开发和利用，极易影响自然环境。在城市的建设中应用海绵城市理念，会将城市与自然环境紧密联系在一起，形成共同发展的全新建设模式和建设理念，促进城市的可持续发展。与此同时，还可以提高对水资源的储蓄和有效利用，防止出现城市内涝的情况。例如青岛市是建设海绵城市非常成功的城市。青岛市在城市建设过程中已在探索研究和加强海绵城市建设技术的应用。中德生态园将作为重点示范区，结合绿色化原则、低碳化原则、和谐化原则与共融化原则充分建设，保留生态绿地，形成资源保护和环境建设一体化的结构体系，尤其是海绵城市和绿色交通等一系列方案的设计，凸显城市道路绿化景观布设的可行性与巧妙性。我国经过了多年对海绵城市的建设，促进了城市生态建设的良性发展，特别是在雨水的排放、回收及利用等方面体现出了较大的应用价值。

2. 发展

海绵城市主要围绕建设自然积存、自然渗透及自然净化的城市进行统筹规划与合理部署。从字面意义看，海绵城市理念可以理解为像海绵一样的城市。因海绵具有良好的吸水及持水特性，可以将这一理念延伸应用于城市规划发展中，具体体现为下雨时吸水蓄水，并在需要时将蓄存的雨水释放并回收利用。在这一过程中，可通过自然途径及人工措施相结合的方法，保障城市排水防涝安全的同时，将多余的雨水资源进行大量积存及净化应用。

经过几年的发展，国务院办公厅针对海绵城市建设问题提出了指导意见，要求相关规划人员应该综合采取渗、滞、蓄、净、用、排等措施手段，对 70 % 的降雨进行就地消纳与综合利用，并提出到 2030 年，城市建成区 80 % 以上的面积必须满足上述目标要求。但是需要注意的是，海绵城市理念应用推广时间相对较短，且理念相对新颖，并不是所有的城市都适合海绵城市开发理念。在应用海绵城市开发理念的过程中，规划人员应该按照因地制宜及个性化设计原则，根据城市人文地理、经济等情况表现进行针对性应用，避免照搬照抄或者完全复制等问题出现。

二、海绵城市建设

（一）海绵城市建设原理

海绵城市建设需要遵循海绵城市理念，规划设计人员要充分研究海绵城市建设原理，为海绵城市理念下的城市规划设计奠定坚实的理论基础。

1. 地面渗透

在海绵城市建设中，要充分运用城市原始的水文特征，采用科学的规划方式，让城市水文环境恢复到最终状态，让城市区域空间内的降水和下渗能力形成自然平衡。通过海绵城市建设，增加城市地面的下渗能力，弥补城市建设过程中由于地面硬化而减弱的自然渗水能力，缓解汛期城市雨水下渗压力。通过自然下渗，还能减少雨水受到污染的概率，避免污水对下游水体造成污染。

2. 雨水调蓄

在雨水调蓄过程中，首先是增加雨水的滞留时间，通过对城市雨水花园的规划建设，提高雨水径流的流动时间，使雨水径流峰值减缓或不出现。此外，通过提高雨水在城市设施中的实际停留时间，实现雨水的科学利用和有效调蓄。通过雨水调蓄，既能减少雨水对城市带来的洪灾风险，又能提高雨水的资源化利用效率。

3. 雨水净化

首先，通过运用科学净化手段，使雨水降低受污染的概率，保持洁净；其次，利用良性水文系统建设，能使净化储存的雨水得到最大化利用。通过雨水净化及利用，极大程度地减少雨水直接流失的损失，缓解城市建设过程中的水资源短缺难题。

4. 雨水排放

在海绵城市建设中，多采用竖向排放的方式形成雨水自然排放系统，并辅以机械排水工程，使城市路面雨水、城市地下管道水体和城市内及周边天然河流形成相互牵连的水系，从根本上降低城市内涝灾害发生的概率。

（二）海绵城市建设的条件

海绵城市专项规划文件编制的一项重要内容是综合评价海绵城市规划建设条件，这是进行规划设计目标和指标确定，提出海绵城市建设总体思路及落实海绵城市建设分区指引和管控要求的基础。海绵城市规划建设条件的分析需要包含以下几方面的内容。

（1）海绵城市规划区的基本情况，包括对地理位置、城市规模、发展定位、规划结构等的分析。

（2）自然条件，包括对气候资源、降雨资源、地形地貌、土地资源、自然资源等的分析。

（3）生态本底分析，包括对水文条件、城市绿地、生态环境及其典型性、脆弱性等的分析。

（4）开发建设强度分析，包括对土地利用现状、污水排放与处理情况、易涝点情况、雨水排放系统现状、水资源利用情况等的分析。

（5）地质条件分析、降雨规律研究、下垫面解析等。

（三）海绵城市建设与建筑的关系

建设海绵城市的主要目的就是切实提升水资源的利用效率，针对内涝防治、径流污染进行切实的把控，海绵城市建设牵涉多个领域，具有较强的综合性，并且海绵城市与建筑存在密切的关联。

1. 建筑构成了城市中不透水下垫面

在城市快速发展的过程中，大量的土地资源被开发利用，从而使得土地资源紧缺的问题越发地凸显出来，为了切实满足社会发展对土地的需要，各个地区大量的高层建筑应时而生，绿地面积逐渐缩减，破碎度较高，海绵城市建设可以运用的透水下垫面较少，这样就会对海绵城市建设工作带来诸多的困难。建筑及其附属结构在整个城市用地中占比达到了 40 %，是城市不透水下垫面中的重要组成部分，所以建筑在海绵城市中务必要发挥出自己的作用。

2. 海绵城市建设可以改善建筑排水问题

在海绵城市建筑中屋顶花园及墙体绿化属于建筑中的单体要素，属于有效的可持续雨洪管理措施，雨落管、集水井是将屋面雨水进行收集和排出的重要基础部件。其他应对措施诸如波士顿、阿姆斯特丹等滨海城市在遇到海平面上升的情况的时候都会运用浮动建筑、局部可淹没建筑的方式与海绵街道、可淹没公园等公共空间可持续雨洪管理设施进行协调来创建弹性城市。

3. 海绵城市建设可以满足建筑非饮用水使用需求

建筑非饮用水通常被用于厕所冲洗、日常清洗等，结合低影响开发靠源头的规则，建筑及周边可持续雨洪管理设施所收集到的雨水可以使用到建筑非饮用水中。将建筑用水与海绵城市雨水回收功能进行统一设计，这样就可以创建出高效的雨洪管理机制，提升管道线路设计的整体效果。总体来说，针对海绵城市视角下的建筑与景观结合设计进行综合分析是具有较强的现实意义的。

三、海绵城市规划设计

（一）海绵城市规划设计要素

1. 城市统筹规划设计

海绵城市理念下的城市规划设计，能有效提升城市的防洪抗灾能力，提高雨水等自然资源的应用效率，改善城市的生态环境。因此，在海绵城市理念下开展城市规划设计，有助于城市的可持续发展。但在实际规划中，要求城市总体规划和不同专项规划（道路交通、城市绿地、城市水系统、其他类规划等）进行协同处理，要以总体规划实现对不同专项规划的统筹与衔接。

2. 城市规划设计理念

海绵城市理念下的城市规划设计必须充分尊重自然规律，要依据所规划城市的自然条件开展海绵城市建设，确保城市规划符合气候特征，能最大程度承受城市降水对生态环境的影响，从城市海绵体对雨水的截留、吸收、储存、循环利用方面进行海绵城市建设规划。此外，要从城市降水的实际数据出发，在综合城市防洪防内涝、海绵体吸附水源能力需求等方面研判海绵体建设的具体量级，避免资源浪费或海绵体承受能力过小，造成海绵体内部形成严重内涝。因此，城市规划部门要充分了解海绵城市理论下的城市规划设计理念，在此基础上开展海绵城市规划。

3. 城市规划设计程序

（1）全面评估海绵城市场地面积，通过对城市地形、地质和降水等因素的研究，结合城市建设规模，为海绵城市规划设计打下前期基础。

（2）对城市绿地、水系等绿色生态区域做全面研究，对城市生态区域的水体流向和流域特点做出具体分析，使各区域的水系和绿色生态系统符合当地的自然水文特点，并针对各地特点开展有针对性的设计，尤其是绿色雨水设施的设计要充分建立在深层次的分析研究基础之上。

（3）对城市水体污染状况进行有效把控，避免地下水和城市水体交叉污染，造成城市环境污染和水资源浪费。

4. 城市规划设计要点

（1）基于海绵城市理论的城市规划设计需注重强化对城市水生态敏感区的重点保护，让自然水系发挥更大的调节作用。

（2）实施城市水系和湿地绿化的管理保护工作，避免城市建设影响海绵体的存在空间，加强水质监测保护，避免水体污染。

（3）集约式开展城市规划设计，关注城市规划空间布局，使海绵城市空间设计符合实际需求。

（4）海绵体建设要具有针对性，尤其是在影响城市环境方面要注重强化，提高海绵城市的时效性。

（二）海绵城市规划中存在的问题

实施海绵城市规划工作具有一定的复杂性，但是就当下海绵城市规划实际情况来说，其中还存在诸多的问题，并且会对城市建设发展产生一定的限制，详细地来说，集中在下面几个方面。

1. 分析问题不彻底

在组织开展海绵城市建设工作之前，应当安排专业人员进行前期的设计工作，并且对开发区域实施全面的调查、量化，这样才可以对风险所存在的位置及程度进行准确判断，并且明确洪泛区、修复湿地等敏感区域。当下，人们在开展城市规划设计工作的时候，大部分使用的是以文字描述为主的分析方法，这种方法在实践中操作较为简单，并能够较为高效地被人们所理解，但是使用该方法往往会出现规划内容在实践中无法得以落实的问题。诸如在实施城市雨水工程规划工作的时候，设计人员通常会结合城市道路来进行雨水管道的大小、方向的设计，并不会对城市开发前后的地表、雨水产汇流量进行定量评估，也不会对城市开发前后的用地情况进行综合分析，这样必然会造成城市雨水工程规模无法满足实际需要的情况发生。

2. 对城市竖向规划不够重视

就现如今实际情况来说，我国当下推行的城市规划编制方案中缺少场地纵向规划，这样就造成了在实施城市规划工作的时候往往会对纵向规划不够重视。在实施城市纵向规划工作的时候，所牵涉的内容主要有城市排水工程、基础设施布局、道路交通、城市景观等多个方面，这些项目牵涉自然条件的运用、改造，其在防范城市内涝方面能够起到重要的作用。就当下实际情况来说，城市纵向规划中往往会遇到信息收集困难，缺少对地质结构情况进行全面了解的问题，从而会导致城市用地纵向规划与实际不统一。

3. 城市用地规划与专项规划未统一

在海绵城市理念的影响下，城市整体规划务必要与专项项目保持良好的统一，专项规划总体规划的核心规定，总体规划是专项规划的衔接。在现如今城市规划中，规划设计人员大部分是先进行城市功能分区，之后对城市布局、道路、基础设施、绿化工程来进行设计，在城市用地整体设计方面没有进行专门的规划，这样必然会导致城市开发强度与周围道路、基础设施不统一。同时，在实施城市规划工作的前期，缺少对城市景观的综合考虑，这样必然会对道路、市政、绿地建设工作的实施造成诸多的负面影响。

（三）海绵城市规划设计方式

1. 城市道路

城市发展建设过程中，道路的规划至关重要。在城市道路规划中充分融入海绵城市理念，在确保道路工程符合基础功能的同时，提高路面渗水能力、完善道路两旁绿化设施，能有效提升其涵养水源的能力。在城市绿化带部分的规划设计中，通过下凹式的设计方法，不仅能提升绿化带的下渗能力，还能极大地提高绿化带截留雨水资源的能力，提高城市地下水位调节能力。此外，通过海绵城市理念在道路规划中的利用，充分利用下渗性好的施工材料，强化路面的渗水能力，不仅能提升路面的清洁度，还能减少雨水在路面积聚时间，避免造成路面损伤。另外，要注重水质监控，一旦水体受到污染，则需通过有效手段，使受污染水体排入污水管道。

2. 城市水系

在海绵城市理念下的城市规划设计过程中，要充分重视生态环保理念的运用。城市不能无序发展，对于生态重点区域要有建设红线，做好城市生态保护。在城市生态中，绿地区域是生态海绵体，若以牺牲绿地为代价进行工程建设，往往会得不偿失。因此，在海绵城市建设中，首先需要规划的要点是对城市绿地的保护，保障天然绿地涵养水源的能力。在海绵城市理念下的城市规划设计中，要明确城市发展目标，有的放矢进行城市发展规划，强化生态管理，在城市规划中科学划分绿地区域。通过绿化带或绿色走廊的规划，极大提升城市截留雨水的能力；通过城市植被的利用，形成城市河流、水体的协调共存水系；通过水系规划，提升城市海绵体整体功能。

3. 城市排水

在城市洪涝、城市内涝等自然灾害的防治过程中，排水系统扮演着重要角色，科学规划好城市的排水系统，是提高海绵城市建设水平的主要途径。在海绵城市理念下的城市规划设计过程中，除了城市吸水和储存水源能力的提升，还要通过科学合理的排水系统规划、完善的排水系统建设，形成强大的城市地下管道管网。在城市路面建设过程中，要充分运用可渗水材料，通过科学划分城市分区，构建科学完善的城市排水系统，提高城市的整体排水能力，减少城市内涝发生。

4. 城市绿地

海绵城市下的城市规划设计要充分尊重自然生态，这就要求城市规划设计要充分重视绿地资源的规划设计，通过合理的绿地规划，解决好城市雨水滞留问题。在城市绿地规划设计中，要充分重视绿地对雨水的滞留和吸收储存功能，具体在规划过程中，要让绿地标高低于城市硬化路面，使雨水径流可以快速进入城市绿地，通过绿地的吸收下渗能力，形成对雨水资源的充分吸收和循环利用。在绿地建设中，要适当提高可渗透铺装的实际面积，充分提高城市绿地的雨水调节能力。

四、海绵城市建筑景观设计

在实际组织实施海绵城市建设工作的时候，工作人员应当切实地将城市建筑与景观进行综合设计，这不但可以确保暴雨天气时能够高效地完成城市排洪，并且也可以完成对雨水的净化和存储，将收集到的雨水用作农田的灌溉，从而提升水资源的利用效率，为人类社会与生态环境的和谐发展打下坚实的基础。

（一）建筑屋顶

城市的绿化建设可以对建筑屋顶结构进行充分利用，将建筑屋顶的空闲位置建造成屋顶花园。通常来说，首先，可以在屋顶花园种植小规模的乔木、花草等，也可以种植能结果的植物。因为遇到降雨天气的时候，屋顶花园往往会有较多的积水，雨水在屋顶的污染相对较小，并且也可以实现回收再利用。所以，需要工作人员在组织实施设计工作的时候针对屋顶花园加以切实的改造，创建小规模的雨水花园来当作储水的设施。其次，建筑屋顶还需要落实排水系统的设置。因为屋顶极易出现积水的情况，在遇到严重的降雨天气的时候，建筑需要拥有良好的排水能力，从而保证雨水能够顺利排出。并且还应当拥有良好的防水的能力，这样就可以规避雨水侵蚀而损害墙体结构。因为建筑屋顶结构自身载荷能力有限，在实施花园建设工作的时候，不能使用厚度超出规定标准的基质。再有，还应当采用专业的方法来进行雨水的过滤和净化，之后将处理之后的雨水进行合理的利用。

（二）建筑墙体

墙面绿化工作的主要作用就是与屋顶建筑绿化相互衬托，并且进行墙面绿化景观的设置也可以提升建筑空间的利用率。首先，在墙面上设置绿化可以起到吸收阳光热量的作用，种植爬山虎之类的藤蔓植物在起到绿化墙面的作用的同时也可以增加雨水的滞留时间。其次，一种新型墙体绿化方式称为模块式的墙体绿化，这种绿化的模式在当前城市建设中的使用率较高，该模式拆卸方便，工作人员可以利用合理的设计在模块中设置雨水收集装置，这样就可以实现长时间雨洪管理的目标。但是这项技术在实践运用中需要大量的成本，所以还需要加大力度进行深入的研究，从而切实对成本实施控制。

（三）建筑空间

在针对城市建筑进行设计工作的时候，可以综合空间要素来将海绵城市的理念与建筑设计充分融合，并且形成具备雨洪资源利用效益的观赏性空间。城市建筑不但包括房屋建筑，并且还涉及诸多不同类型的娱乐性建筑，在这些不同类型的建筑中将海绵城市理念加以合理地运用，可以促进城市生态环境的稳步健康发展。

（四）其他建筑设备

在城市建筑中一般都会设置专门的存储水资源的设施，如水箱、水塔、蓄水池等，专业技术人员可以结合实际情况和需要来开展设计工作，将雨水进行统一的收集和利用，提升水资源的利用率。在进行水箱设计的时候，设计人员可以在设计中为不同用途的水源设置专门的处理线路，将通过不同途径收集到的雨水进行适当划分，并且运用到建筑清洁之中。

五、海绵城市道路规划设计

城市道路作为城市空间的重要组成部分，是海绵城市建设的主要载体之一，具有径流污染严重的特点，因此有针对性地对城市道路进行海绵化设计，对于海绵城市建设来说至关重要。

（一）道路海绵化设计总体思路

道路海绵化设计首要考虑满足道路的基本功能（如通行能力和管线敷设空间）和交通安全。故利用道路内部或周边空间设置海绵设施，首先不能压缩道路通行空间，其次应统筹考虑与地下管线的空间协调，同时需采取必要的侧向防渗措施防止雨水下渗对路基强度和稳定性造成破坏。道路海绵化设计需以目标和问题同步为导向，一方面结合项目所在地的上位规划目标确定指标要求，如年径流总量控制率、年 SS 总量去除率等；另一方面结合项目实际分析本地情况，包括现状条件、周边环境、场地下垫面、场地竖向与排水情况等，从水资源安全、水生态环境等方面指出存在问题及需求，从而提出有针对性、符合上位规划的目标指标。对于城市道路而言，相较其他类型项目，其径流污染严重，尤其是初期径流污染严重程度甚至超过了生活污水。因此，城市道路的海绵化设计需要以径流污染控制为主要目标，通过选用具有净化作用的海绵设施，实现径流量控制的同时提高净化道路径流雨水的效果。

（二）海绵城市道路规划设计相关技术

1. 渗透技术

渗透技术主要是指通过使用具备高透水性的材料，增强道路绿化景观的透水性，或使用增加各种材料之间缝隙的方法提高透水性，使雨水迅速渗透到地下。在设计道路绿化景观时，广泛应用此技术主要是在道路铺上透水性较强的材料，确保在短时间内雨水能渗透到土壤中。同时，在没有充足雨水的情况下仍具备比较强的透水性，可起到换气的作用。在建设海绵城市的过程中，渗透技术主要应用于人行道路及非机动车道等道路设计中，其使用的主要材料是透水砖与多孔沥青，确保道路的透水性。

2. 调蓄技术

调蓄技术主要是指在收集雨水的初级阶段就可以净化和处理雨水，确保雨水可以被迅速存储，能够通过使用下渗处理的方法充分利用城市的雨水资源。在进行道路绿化景观设计的过程中使用调蓄技术，能够降低在下暴雨的过程中所产生的峰值流量，同时可以阻止雨水在地面流动时造成的污染。在道路绿化景观设计时，一般会采用建设蓄水池、绿地等方式收集雨水及管理雨水，在这些设施的下面设立一些沟渠及渗透管道，雨水量特别大时，可使用这些设备收集雨水，在天气干旱时，可充分利用这些雨水资源。

3. 截留技术

在设计道路绿化景观的过程中，为提高汇水的覆盖面积，会采用特殊的材料设计道路的结构，在降雨天气可大幅度降低雨水径流的速度。在降水初期，截留技术的应用可以降低雨水径流量的增长速度，为城市道路减少受重和水流侵蚀压力。在具体的设计实践中，可以借助树干截留的方式实现截留目标。

（三）海绵城市道路设计原则

1. 统筹协调

海绵城市道路规划设计在保证交通安全、满足城市道路基本功能的同时，应达到规划的低影响开发控制目标与指标要求。还需与城市道路交通规划、园林景观设计、给排水与水利等多专业合理衔接，实现多功能的雨水管控。

2. 场地水文最小干扰

尽可能低地对场地水文造成干扰是最基本和最重要的原则之一，保护和还原道路初始水文特性是海绵城市道路规划设计的主要目的。通过源头控制、分散布置等方式，维持道路的外排雨水总量、峰值流量及径流污染控制达到开发前的水平，使道路的雨水排放符合自然的排放规律。

3. 因地制宜

首先，要以达到场地要求的水文条件为目的，结合场地区域特点，合理制定雨水管控目标；其次，依据雨水管控目标，结合不同的道路类型、级别、功能及道路周边用地特点，确定海绵城市道路规划布局；最后，结合不同的区域特色、道路环境，对低影响开发措施进行详细设计，以保证高效的雨水管控和丰富的景观性。

4. 景观性

规划设计要充分考虑道路的景观性，通过低影响开发措施的使用，发挥道路的景观效益，丰富景观层次，提升景观质量。

（四）海绵城市道路绿化景观设计

1. 道路绿化带设计

从海绵城市的角度出发，道路绿化带设计主要是设计城市中的人行道、非机动车道的绿化带，设计的工作重心主要是绿化景观的排水设备及蓄水设备方面。因此，在设计道路绿化带景观的过程中，可以通过在绿化带中设计一些树池，同时在其周围设置一些排水装置，雨水量较大时，还可用来收集雨水。通过使用碎石可以防止雨水流过时造成水土流失，保证城市道路绿化带的有效性。

为了使雨水能顺利通过透水砖快速及时渗透到绿化带的土壤层中，可应用自透水下垫的方式铺装绿化带。在树池周围应用平缘层的铺设方式，可以让人行道路中的雨水径流及时流入周围树池。将机动车道路中的雨水径流充分吸收到绿化带中，还需要在非机动车道的一侧位置增设进水口，在行道树的周围增设碎石缓冲带。这样的设计形式可增加树池的雨水截留量，水土流失问题也能有所缓解。

2. 道路分车绿化带设计

在城市道路绿化带设计的过程中，分车绿化带的设计至关重要，合适的分车绿化带布置可以起到有效防止道路出现积水的问题，从而避免下雨天道路上的积水影响行车，同时还可以在一定程度上起到完善和优化城市的景观的作用。所以，在设计分车绿化带的过程中，需要充分考虑当地的降水量及车流量，使用绿色海绵及适合当地气候环境的植物，设计生物滞留带，同时设置一些排水的装置，促进雨水的排出和收集。

在道路斜坡设计的过程中要高度注意的是，中分带道路转弯位置及路口起止位置一定要增加孔口形态的道牙。同时，在道路入口位置增设砾石路带，既能起到截留的作用，也能有效消除微小的颗粒物，最大程度减少道路污染。在设计道路两旁的侧分带时，要尽量收集机动车道的雨水径流，因为车辆行驶过程必然会产生尘土，且径流量相对较大，污染问题较为严重。基于此，在道路侧分带的开口位置的一侧，增设 0.5 m 宽的砾石带。增加流入道路绿化带的径流量，更好地实现储水、渗水及净化的设计目标。另外，要妥当处理雨水的排放及溢流现象，在道路侧分带中，要在每间隔 50 m 的位置增设溢流口，确保城市道路与市政雨水管道能充分衔接在一起。

针对较宽的城市道路，在具体设计中可重点采用简约型种植形式，以道路中分带为中心点，道路两侧分带对称的形式实施结构布局。同时，为考虑道路侧分雨水径流的吸收情况，可在机动车道的路缘石内侧位置铺设草坪，在距离机动车道距离较近的一侧种植绿篱，既保证了道路绿带的层次性，也具有重塑景观的作用。

3. 道路两侧绿化带设计

设计道路两侧绿化带时，要确保雨水能迅速排出及储蓄雨水。同时，在设计道路两侧的绿化带时，还要充分考虑其美观度及实用性。传统形式的城市道路绿化带在设计过程中，普遍应用条石分割道路和绿化，无法存储雨水，利用率大幅度下降，与海绵城市的建设理念相违背。基于此，可在绿化带中增设生态滞留区。结合不同位置的特点，可分别设计生态滞留带及生态树池，借助道路豁口位置实施雨水引流，储存引流后的雨水。首先，从实用性的角度出发，可使用适合的植物用以作为缓冲，初步过滤雨水，并将绿地设计成下沉式，将收集到的雨水进行二次过滤和净化后储存起来，留作备用。其次，从美观度的角度出发，建设下沉式绿地，初步过滤雨水，使植物的颜色符合季节变化，确保道路两侧绿化带的美观度。城市道路周围会有很多市民居住，在设计路侧绿化带时，可在远路段区域增设专门的观赏区域，满足市民的观赏需求。植被的色彩随季节的变化而发生变化，在道路两侧就可生动地呈现季节性景观，有利于优化观景的空间结构。同时，由于该区域具有欣赏价值，构成了交通、道路景观、人三种因素相互协调的和谐画面。

第二节　森林城市规划设计

一、森林城市概述

（一）概念

国家森林城市是指在市域范围内形成的以森林和树木为主体，城乡一体、稳定健康的城市森林生态系统，服务于城市居民身心健康，且各项建设指标达到规定标准并经国家林业和草原局批准授牌的城市。森林城市建设是贯彻生态文明、传播生态文化的具体实践，是对接国家战略、建设绿色青山的必然选择，是统筹城乡发展、增强综合实力的有力抓手，也是提升人居环境、增加生态福祉的重要举措，对实现城市全面可持续发展具有重要的战略意义。

（二）理论基础

1. 森林文化学

森林文化指的是对森林的崇拜、敬畏与认识，以森林为背景或载体，体现了森林的人化。森林文化是人类和森林共同发展过程中的物质文化与精神文化的总和，是人类与森林相互依存、相互作用、相互融合关系的总和。森林文化是以森林为基础，调和人与森林、人与自然之间的关系，是在人类与森林长期共存过程中形成的，从根本上讲它是一种生态文化。森林文化的核心是森林的人格化。帮助人们从自然科学和人文科学两个方向解释和认识森林，将人视为森林生态系统的一部分，在尊重森林和其他生物的生存权的情况下，充分探索森林人文精神和文化内涵，致力于人与森林生态系统的可持续发展。森林文化是生态文化的核心和主体，生态文化又是生态文明的基础。森林文化强调林业独特的生态文化内涵，构成丰富多样的生态文化理论体系，它能扩大生态文化的影响力，提高人民生态意识，最终实现人与自然和谐相处。森林文化学中又包括了森林哲学、森林美学、森林伦理学、森林社会学等。

其中，森林美学是一门研究森林美的学科。森林具有内在美和外在美，森林美学认为，森林之美是自然之美的重要组成部分。一般而言，森林美的本质是森林里的自然美。主要研究内容是如何用审美的眼光观察和欣赏森林，如何运用美的规律来保护和建设森林，包括森林美学概论和创造森林美。

2. 森林生态学

森林生态学是一门以木本植物为主体的研究森林群落与环境关系的学科。包括对个体生态的研究，即森林中树木与环境之间的生态关系；对种群生态中森林生物种群形成与变化的研究；对群落生态中人类之间关系的研究；对森林生态系统物质和能量循环及转变的研究。从树木与环境之间的关系规律出发，在调节、控制树木与环境之间的关系起着更好的作用；既要充分发挥树木的生态适应性，根据环境条件特点进行科学管理，做到最大限度地利用环境，不断扩大森林资源、提高森林的生产力；又要有意识地利用森林来改变环境，调节人与环境之间的物质和能量交换，充分发挥森林的多种益处，从而维持自然界的动态平衡。

目前生态学研究已不仅仅是对个体、种群或群落的研究，而是发展到了生态系统的水平，城市森林生态学是在生态学理论的基础之上，研究城市森林生态系统的功能结构、系统内部内外之间关系规律的一门综合学科，运用生态学的方法研究利用，做到优化系统结构、调节系统关系、提高能量利用率、改善环境质量。森林生态学的目的是通过实地观测，基于生态功能最优和景观美观原则进行理论分析，研究城市森林生态功能、环境功能、医疗功能与城市森林结构之间的关系，对城市森林进行规划设计，从而发挥出系统的最佳效益。

3. 生态经济学

森林生态经济学是结合生态原则和经济原则的一门边缘科学，以森林生态系统为对象，从经济学的角度出发研究森林生态问题，利用自然、经济规律探索与认识森林经营。森林生态系统是陆地生态系统中最大、影响最深远的部分之一。

生态经济学旨在研究人类社会的不同历史阶段中自然资源使用和环境破坏的规律及后果，进而探索如何吸取教训，对达到生态平衡的社会经济条件和与人类活动相适应的经济效果进行重建和创造。它根据生态规律与经济规律的相互作用，运用系统科学、控制理论和信息理论，对生态经济系统物质能量的流量、经济的投入产出进行总体费用与效益分析，建立经济模型、选择最优化方案，是一门应用科学。

（三）森林城市的发展

自人类文明的开始，人类就依靠着森林、水源而生存，为了防御野兽的袭击，人类祖先类人猿开始在树上生活。类人猿的聚集森林生活形成了一个城市的雏形，正是因为如此，城市的森林的发展对城市的环境安全有着固本作用。如今城市的迅速发展和一系列生态问题都迫切需要森林跟随着城市的脚步，以森林的发展为依托的城市发展在历史中较为少见。20世纪之后，森林城市建设才进入起步阶段。

“森林城市”概念最早起源于20世纪60年代初的美国，主要是为了解决城市土地利用的经济、社会、环境、生态效益最佳化问题而提出的城市管理系统。1965年美国林务局率先提出森林城市规划以来，城市森林在世界各国迅速发展起来，先后出现了华盛顿、堪培拉、巴黎、华沙、东京、圣地亚哥、新加坡等一批森林城市的优秀之作。虽然森林城市规划建设掀起了高潮，但是所建设的绿色森林城市数量可数，同时由于城市水泥建筑的迅速发展，城市森林显得十分脆弱，从而无法形成稳定的系统。

在20世纪60和70年代，由于环境问题逐渐变得尖锐，全球兴起保护生态环境的高潮。城市的规划领域内也由此引入了生态学的理论和方法。此时的日本经济高速发展，社会发生了翻天覆地的变化，逐渐开始了森林城市的规划，从而带动了城市森林的发展。

20世纪70至80年代，城市规划开始考虑生态功能、生态系统问题，从城市森林的建设和规划开始对城市发展提出了新的发展角度，而城市森林建设的合理性、系统性、功能性等问题对森林城市规划发展起着关键作用。在这个阶段，我国对森林城市开始关注。

20世纪90年代，欧洲开始引入森林城市，1987年9月，英国伦敦开始实施了森林城市计划，1991年爱尔兰在都柏林首次针对森林城市规划召开了大会，在20世纪90年代中期开始了对森林城市建设的研究。另外，在这一时期，我国也将森林城市作为一种新型的城市发展模式纳入城市建设中。

进入21世纪，森林学被广泛引入，为城市空间格局发展提供新思路，为城市发展提供新的理论支持。

（四）森林城市规划原则

1. 以人为本原则

从城市居民的行为方式及活动空间的角度出发，为居民提供舒适的生活、工作、游憩环境；从人与自然环境的和谐角度考虑，将城市的各种绿地塑造成绿色、生动、有生活情调的城市景观。科学地布局城市森林体系，坚持生态优先兼顾经济发展的理念。把森林引入城市，加速城市自然植被和生态系统的恢复，保护自然地形地貌和文化景观，提高城市生物多样性水平，恢复人类与森林的本来关系。在改善森林结构、增强林地生态服务功能，满足人们日益增长的改善居住环境需求的同时，有效发挥森林在改善生态和改善人类居住环境质量方面的重要作用。

2. 因地制宜原则

森林城市是城市现代化建设的重要组成部分，能有效改善生态环境、提高群众生活质量。森林城市建设必须依托城市当地的山水自然资源，因地制宜创新城市森林建设模式，大量推广应用乡土树种，优化树种结构，在达标的基础上，重点突出地方特色，美化县域环境，提升城市质量，改善民生福祉，促进经济社会可持续发展，为乡村振兴建设做出重大贡献，同时提高公众植绿、爱绿、护绿的意识，呼吁群众共同建设美好家园，从而形成森林城市创建的强大合力。

3. 政府引导原则

创建森林城市的过程中，政府要加强指导，发挥政府的主导作用，同时建立以政府为主导的宣传机制，以全市皆绿的理念推广森林城市形象，着力构建森林城市宣传平台，大力运用互联网等载体，创新宣传森林城市创建工作，全方位提升森林城市的知名度和影响力。

4. 尊重自然原则

充分利用城市现有的自然资源和人文资源，彰显城市特色，充分发挥城市绿地的综合作用，改善城市环境，保持城市生态平衡，实现城市可持续发展，创建“人与自然和谐共存”的生态型森林城市。

二、森林城市总体规划要点

（一）总体布局合理化

总体布局是森林城市建设的骨架结构，要结合城市自然条件及城市发展格局，在现有生态绿化基础上，进一步优化和完善生态空间格局，形成科学合理的全域空间总体布局。总体布局要融入规划的重点工程，内容既要顾全大局，又要突出重点。城区绿化、乡镇绿化、道路水系绿化等，这些通常是布局结构中的“核”“廊”“带”等。另外，要结合城市本身的资源特色，如城市外围的山峦通常架构成了“屏”“楔”，自然保护地等通常构成了布局中的“点”。

（二）深入挖掘建设潜力

建设潜力分析是在城市基本概况、森林城市建设现状和指标评价的基础上，重点对森林城市建设的劣势和空缺进行分析，明确未来规划建设的重点方向和内容，通常结合指标体系和规划工程体系详细展开。森林生态体系建设分析一般要对林业用地和非林业用地的潜力进行分析，前者重点分析可用作林地发展的潜力用地，包括疏林地、宜林地等；后者则重点分析城区绿化建设潜力、乡村绿化建设潜力、道路水系绿化建设潜力等。森林健康体系建设分析包括森林质量精准提升的潜力区域（幼龄林、退化林约、水系廊道、道路廊道的森林、低效经济林等），山体及受损弃置地生态修复、湿地修复等。生态文化体系建设分析，要分析提炼当地特色文化，建设文化内涵丰富的科普教育基地、义务植树基地和完善的生态标识系统，开展多种生态文化活动，营造浓厚的爱绿、植绿、护绿氛围，巩固绿色生态建设成果。

（三）充分分析城市概况

城市概况分析通常主要包括建设背景与意义、城市基本概况和森林城市建设现状三个部分的内容。建设背景与意义是在规划之初对整个森林城市建设情况的分析与总结，要分别从国家、省、市、县的层面对我国森林城市发展情况进行剖析，只有深入了解宏观背景和政策，才能对一个城市或者县区做出更好的规划。对于城市基本概况的内容，数据来源为多个部门多方统计，通常会导致关键数据不统一，或与官方公布的数据有出入，如土地面积、常住人口、林地面积等基础数据。这就需要及时与各相关部门沟通，意见统一后采用一套标准数据，避免整个规划中前后数据不一致。生态环境分析是城市基本概况的重要内容，包括空气质量、水环境质量、声环境质量和农村生态环境等，应有近5—10年的数据分析趋势，才能体现出城市生态环境的治理成效，而不能仅仅用前1—2年的短期数据。

（四）建设工程规划科学化

森林城市的建设工程规划，必须考虑工程的科学性，要有可实施性。应按照城市的特点，结合国家森林城市建设的要求，做出创森工程建设的特色和亮点，从“补短板、促提升、展特色”三方面分别进行规划。“补短板”即对于城市不达标的内容、劣势内容进行重点建设，补齐短板；“促提升”即对城市有一定基础的工程进行提升建设，促进发展；“展特色”即针对城市的亮点、特点布局工程，进一步展现城市特色。需要特别注意的是，规划的每项工程均应明确具体建设地点，细化每一项可考核任务量，以便总体规划实施后的2—3年进行森林城市建设核查。

（五）充分利用指标评价依据

指标评价要严格按照《国家森林城市评价指标》（GB/T37342—2019）进行对标分析，包括森林网络指标、森林健康指标、生态福利指标、生态文化指标和组织管理指标。要注意指标评估的依据充分性，在逐项指标分析中，采用的方法要明确，包括实地调查、文献调查、遥感解译等。实地调查要写清调查方法，如抽样及样点分布；文献调查要写清资料来源的单位 / 人、时间、名称等；遥感解译则必须明确遥感影像来源、数据类型、分辨率等。

三、森林城市树种规划

（一）比例规划

（1）常绿树种与落叶树种搭配能呈现出季相变化，接近次生林群落比例能保障生态平衡稳定，且产生四季季相景观。

（2）乔木与灌木树种比例影响景观差异，乔木对城市覆盖率和群落结构的保持有主导作用，固碳、防噪、滞尘等功能更强，效益远大于灌木。

（3）速生、中生和慢生树种比例规划可维持景观持续性，塑造近期、中期、远期植物群落景观。

（4）乡土与外来树种比例影响群落稳定性，乡土树种适应性强，适当引进符合当地生境的外来种可丰富植物多样性。

（5）木本与草本植物比例能丰富空间类型，木本植物为主要空间营造植物，而草本植物以林下活动区域和增加城市绿量为主。

（6）被子植物与裸子植物比例能体现植物生长地气候带特征，可指导地带性树种规划。

（二）树种规划

（1）基调树种。形成城市统一基调的树种，数量多，种类少。基调树种数量标准一般为 1~4 种，综合分析多个城市现行绿地规划多为 3~6 种及 6 种以上。树种需结合城市地带性及地域特色进行选择，一般具有强适应性、乡土性和景观性等特点，能展现城市生态美。

（2）骨干树种。城市森林中主要观赏树种，具有适应性强、观赏性高等特点。

种类比基调树种多，综合分析各城市绿地系统规划多为 5~13 种或者更多，但数量比基调树种少，对城市景观具有点缀作用，在统一风格中展现特色性景致。多种植于景观节点、景观道路、广场、公园等活动区的重点位置，常为视觉中心点。通常选择具有观花、观叶、观果、有香味、造型美的强适应性植物。

（3）一般树种。衬托基调树种和骨干树种，可丰富植物群落配置、展现植物景观多样性等，种类较多。

（4）市花市树。城市形象的代表，不仅要考虑对气候环境的适应性、美观性、生态性，更要能展现城市的文化特色。除了有较高的观赏或者经济价值，更要适合当地的风土人情，应兼具自然和人文双重特色的代表，能得到人民的普遍认可。如北京市以月季、菊花为市花，国槐为市树。

（三）专项规划

（1）基底森林。基底森林主要包括城市森林公园、森林单位社区、森林居住区、森林街区等与居民生活息息相关的区域，森林有机连接度较高，同时也是城市景观风貌展现的主要部分，树种选择针对具体环境特点进行规划。公园以观赏性较高的树种进行景观提升，街区则以防噪声、防尘、防光污染、树干高且适应贫瘠环境的树种进行规划，单位和居住区更多考虑树种安全性、利于人体健康、与建筑搭配和谐等特性。

（2）廊道森林。廊道森林连接了城区、郊区与山区，主要以贯穿式的河流和道路为载体，促进城市与村镇之间的联合，对于景观营造和生物多样性保持意义重大，主要为市域绿荫道路、生态廊道、防护林带等。森林道路廊道树种需要考虑抗风沙、抗有毒有害气体、耐贫瘠、抗污染等条件，并满足景观、环境提升等共性需求。森林河渠廊道需要考虑耐水湿、耐贫瘠、保持水土等共性需求。对于城市廊道，还需要着重增强植物景观性及遮阴性，最大程度体现城市面貌。城郊道路廊道，考虑近自然性高于景观性，满足生物生存和廊道需求。城市河流廊道景观和生态需求大于乡村。乡村道路廊道主要考虑景观和经济需求，可适当种植经济观赏植物，乡村以生态保护为主。

（3）斑块森林。斑块森林相对廊道和基底尺度偏小，主要是风景区、森林村镇等点状绿色空间，斑块森林同样具有其他绿地所具有的效益。树种规划时需要考虑其特性，及其与廊道、斑块的结合，森林斑块主要为了展现多样性景观、辅助完成城市森林景观网。树种多以各地特色性植物为主，比如营造花果主题村、颜色植物主题村、林荫停车场等特色点状森林。

第三节　旅游城市规划设计

一、旅游城市概述

（一）旅游

1. 概念

旅游的概念可以从狭义和广义两个方面阐述，从狭义的角度，旅游是非定居者通过空间位移抵达某一目的地的行为而出现的游览观光活动，既有可能是一日之内往返于定居地和非定居地，也有可能是在非定居地过夜，连续几日的游览观光行为；从广义的角度，旅游指实现空间位移之后，在目的地生活的全过程，包含该时间内的所有游览观光、餐饮购物、休憩放松等活动，活动中所经历的事件、接触的人与物、产生的情感都是组成旅游的一部分。

2. 分类

从旅游目的地的角度可将旅游分为以下三类。

（1）城市旅游：城市旅游的吸引对象为城市定居者和非定居者，两者比例相当，其是以城市功能分区和旅游景点为依托，以该城市的城市风光、城市建筑、自然景观和人文景观及相关服务为特色的旅游。

（2）城郊旅游：城郊旅游的吸引对象以城市及城郊的定居者居多，部分非定居者在城市旅游之余也会前往城郊游玩，其以特色小镇、自然景观、人文遗迹为依托，以发展城郊经济为目的建设旅游景区，景区满足旅游休闲娱乐、观光游玩、购物餐饮等期望。

（3）度假区旅游：旅游度假区的对象为城市定居者和非定居者，两者比例相当。旅游度假区是指具有良好的资源环境条件，满足休憩、康体、益智、娱乐、运动等旅游休闲需求的度假设施聚集区。

3. 城市旅游的特点

（1）城市旅游目的地丰富多样。游客被城市氛围和文化所吸引，城市旅游丰富多样的目的地为游客提供了多种选择，包含城市景观、城市建筑、自然风光、大型商圈、文物古迹、风土人情等。

（2）城市旅游内容丰富多样。城市具备综合性功能，能够极大满足游客的旅游需求，除第一点提及的目的地丰富多样外，在城市中旅游的内容同样丰富多样。城市旅游不限于游玩城市旅游景点，可以实现参观、交流、调研、休憩、短期生活等多个目的，城市因其综合性功能和完备的服务水平，使城市旅游不同于部分旅游目的地较强的季节性特征，使其全年均可接待游客。

（3）城市旅游交通方式丰富且可达性高。旅客通过城市完善的交通网络能够方便快捷地到达目的地，城市交通即承担定居者的日常通勤需求，也满足游客对于自由出行的需求。地铁、公共交通、出租车及共享单车等交通工具，为游客提供多种选择，且较高的可达性增加了游客出游的满意度。

（4）城市旅游发展反哺城市经济发展。城市旅游使游客从原先的简单游玩旅游景点转为更高层次的体验生活和更深层次的人文体验。城市定居者对非定居者开放包容的态度一定程度提升了游客对于城市的好感，使游客出游时既体验感官的愉悦又体验身心的愉快。城市旅游满意度影响着城市对于更多游客的吸引甚至是人才引进和招商引资，旅游收入及人才引进、招商引资影响着城市的经济发展。

（二）旅游城市

旅游城市是指以第三产业为主，有一定的人文资源、自然风景资源等有自己特色的城市，并具备了接待游客的城市建设环境和吸引游客的人文环境。

二、旅游城市区域规划设计

（一）城市区域规划要素

区域规划是城市总体规划中的一个范围，根据城市的发展方向和城市性质来确定城市的建设要素，根据社会发展长远计划和区域的自然条件、周围环境、城市功能及城市的空间布局及社会经济条件，对区域的城市建设有全面发展的规划体系。首先，它包括政府的宏观政策、城市未来的发展方向，根据从宏观到微观分析的原则，把城市建设的各种因素概括在规划中。其次，确定城市的性质和城市的主导产业来分析城市中所需的经济、文化因素来确定城市的建设方向。最后，制定战略，根据指导方针确定规划可持续发展的可行性报告，确保城市的经济效益及城市的健康发展。在旅游城市区域规划发展中，旅游因素的空间布局是非常重要的，它是一个政府的战略性工作，也在今后的城市发展空间中起着指导性作用。空间的合理布局、旅游城市的资源整合、城市居民的需求、游客的满意度对今后中小旅游城市的区域发展及整个城市的经济发展有决定性的作用。一般要受到旅游资源特征与需求、旅游环境现况及发展规划、旅游客源市场要求及对外道路交通和城市交通衔接情况等的影响。

（二）旅游城市区域规划设计原则

旅游城市区域规划是总体规划的一个组成部分，有一定的地域性和超前性，也有跟周围环境相协调的整体性。城市的区域规划应以独特的、个性的领域和城市建设结合在一起，塑造城市的品牌。随着我国城乡居民生活水平的提高，对文化及生活品质的不断追求，小长假旅游早已成为了带动我国 GDP 及旅游城市经济发展的风向标。长假旅游的人口密集度太大，且寥寥无几的长假机会早已无法满足人们对休闲娱乐生活的需求。越来越多的人选择周末及小假期出游，2—3 天的绿水青山小郊游则成了大众首选，高速铁路的发展及普遍化也再一次推动了短期及小规模的旅游出行。

（三）旅游城市区域规划设计要素

旅游城市的区域规划是在城市总体规划的前提下，结合城市的文化要素和城市的建设环境来推动城市的经济发展，让城市健康发展，并打造自己的城市品牌。区域规划应有合理的功能分区、必要的基础设施和满足周围人群的生活服务设施等要素。

三、旅游城市交通规划

（一）旅游交通的概念

旅游交通从广义上是指以旅游观光为出行目的的人和车辆的空间位移，是为了满足旅游者的需要，实现快速、舒适的空间位移。旅游交通是载体和媒介，是连接游客和旅游目的地的纽带，是旅游中需要重视的环节，对游客出游满意度具有一定影响，快捷、舒适的旅游交通能够提高游客的幸福感。从旅游交通方式选择的角度可将旅游交通划分为航空、铁路、水运、公路、地铁、常规公共交通、私家车、共享单车、步行等。

（二）城市旅游行程阶段划分

旅游交通依据空间位移距离和旅游行程安排可分为以下三个阶段。

（1）第一阶段是游客居住地至目的地间的往返旅游交通，该阶段是指旅游活动启程和返程相对长距离位移的交通，国际旅游多选择航空、水运等交通方式；国内跨省份的旅游多以航空、铁路和部分水运为主；区域旅游选择的交通方式除航空、铁路外，汽车运输也是主要方式，城市与城郊间旅游交通多以轻轨、客运巴士、私家车等为主。

（2）第二阶段是游客旅游目的地至旅游景点间的往返交通，该阶段是指游客到达旅游目的地后，在多个旅游景点间空间位移采用的往返交通方式。城市城区内的旅游交通多采用公共交通如轨道交通、公共汽电车、旅游专线等或采用租赁车、出租车、共享车、私家车等。

（3）第三阶段是游客在旅游景区内的往返交通，该阶段是指游客在旅游景点内部除步行外可选择的交通方式。大型旅游度假区提供公共交通、观光直达电瓶车、具有景区特色的轨道车和共享单车等，部分自然山地景观景区还提供索道。

其中，旅游交通的第二、第三阶段以此为标准划分为三种类型。

（1）城市旅游交通。城市旅游交通根据城市交通规划的不同，包含城市常规交通、城市旅游交通专线等公共交通和旅游大巴等非公共交通。城市常规交通在满足城市定居者日常通勤的基础上具有一定旅游公交的属性，满足定居者和非定居者在城市中的旅游位移。城市旅游资源丰富时可以考虑规划旅游交通专线，满足游客便捷、高效、可达性高的出行需求。城市旅游景点大多分布在城区内，部分位于城市核心区，公共交通有效满足了城市需求并一定程度上缓解了城市中心城区道路拥堵问题。

（2）城郊旅游交通。城郊旅游交通包含城市与郊区的往返交通及城郊范围内的交通系统。城市旅游资源不仅分布在城区内，一定数量的旅游景区分布在城市郊区等城市周边地区。城郊旅游景区因其自然风光、游憩设施满足城市定居者或非定居者的短途旅游需求。城郊客运车辆负责游客城市至郊区客运集散中心的空间转移，结合城郊公共交通或其他交通方式，共同构成城郊旅游交通。此外，私家车出行因其便利性占有较大比例。

（3）度假区旅游交通。旅游景区通常为游客提供多种交通方式，如区域公共交通、观光直达电瓶车、具有景区特色的轨道车和共享单车、索道等。

（三）城市旅游交通客运需求分析

1.游客出行方面的需求

游客是旅游客运最主要的服务对象，游客满意度决定了旅游交通服务水平的高低，那么就需要切实了解游客的需求来达到提高服务水平的目的。游客出行的需求一方面是由游客的客观属性决定的，另一方面是主观选择决定的。由于游客本身属性的不同，接受的教育、文化的差异，导致了选择的旅游方式不同，进而在客观的出行距离、景点特色等因素的影响下，对出行方式的喜好有所不同，因此要满足不同游客的不同需求，就需要全方位考量。

2. 交通运输方面的需求

旅游客运换句话说就是交通运输，主要作用是提供运输工具，在旅游客运中，针对旅行社给出的游客具体行程的情况进行车辆安排。旅游高峰期集中在各个法定假日，不同的法定假日放假时间长短、季节都不同，使得游客出行的方式不同，对于运输部门的需求也就不同。

3. 交通管理方面的需求

除了行程安排和服务，管理这个外在因素，在服务提供的过程中也起着关键作用。管理不仅涉及旅游，也包括客运，旅游管理针对旅游行业，以满足游客游览景点的需求为主要任务，客运管理针对客运行业，负责在游客深入感受旅游带来的享受的同时，有好的出行体验。因此，旅游客运行业相关性很强，交通管理必须综合考虑旅游和运输两个行业。

在管理体系方面，对旅游客运公司的管理分为旅游和运输两个行业部门，这就意味着管理体系拥有两套职能，不同的管理重点有不同的部门负责。旅游行业接受的管理主要在于旅游企业对合法车辆的使用和优质化服务的提供等方面，运输行业接受管理的侧重点是它所提供的运输工具，运输工具的服务质量、运营方式、行驶路线等都需要严格把关，为把各司其职相结合，就需要客运交通对旅游和运输的统筹管理，综合解决各个参与对象的问题，强化管理效果。

（四）城市旅游交通及其特点

城市旅游是以城市功能分区和旅游景点为依托，以该城市的城市风光、城市建筑、自然景观和人文景观及相关服务为特色的旅游。因游客行为差异，城市旅游交通和城市常规交通大不相同，主要差异表现在以下几方面。

1. 空间性

与城市常规交通出行需求广泛分布在城市之中不同，城市旅游交通发生和吸引相对明显，主要集中在客运枢纽、旅游景点、大型商圈附近，有住宿需求的游客一般选择以上三类地点就近入住，游客在城市的交通需求基本以往返客运枢纽、旅游景点、大型商圈为主。

2. 时间性

城市常规交通出行以满足定居者交通需求为主，具有早晚高峰通勤的特点，时间相对固定；旅游交通发生时间规律性并不明显，游客出行量一方面与城市旅游淡旺季变化有关，旅游旺季及法定节假日出行需求量显著升高，旅游淡季则相对旺季需求量骤减；另一方面，与旅游景点的开放时间、最佳游览时间相关，部分景区适宜清早前往，而城市夜景适宜游客晚间出行。

3. 变化性

相对于城市常规交通，旅游交通出行需求变化性较大，常规交通因通勤等生活需求相对固定，而旅游交通受天气、道路状况、旅游景区状况等影响较大。就游客而言，除旅行团出游行程固定外，自由行游客出行需求随机性较大，且对旅游交通的出行成本、出行时间、服务水平、舒适度等有更高要求。此外，游客出行次数因计划游览的旅游景点的不同而不同。

4. 观光性

相较于城市常规交通的单调往返，游客更希望城市旅游交通线路，尤其是公共交通线路能融入城市建筑景观、道路景观、人文景观，使其在交通出行时切身感受城市风光。对于城市而言，在游客旅游出行线路上途经城市特色建筑、道路等是宣传城市、展现城市的重要渠道。

5. 可达性

城市常规交通对于可达性有一定要求，较高的可达性可以使定居者的生活更便捷。对于游客而言，旅游交通高效、便捷、舒适、可达性和直达性高是其诉求。常规交通顾及线路片区定居者出行需求，平均站距小，线路运行时间长，而旅游交通站距相对较大，能够将游客快速送往目的地。

6. 不均衡性

城市各个旅游景点因景点特性和评级，对游客的吸引量不同，加之部分游客对于城市信息、交通信息、景区信息了解有限，使不同旅游景点客流量存在较大差异，从城市旅游全局发展的角度而言，具有不均衡性。

四、旅游城市案例分析

大理，坐落于云南的典型的中小旅游城市，是云南省最早的文化发祥地之一，以白族文化为主，城市文化特点较突出的少数民族地区。据史书记载，白族的历史可以追溯到4世纪。虽然历史悠久，自然资源丰富，但该地区存在旅游项目匮乏、缺乏创新、交通不便等弊端。为了解决交通和旅游项目匮乏所带来的一些问题，大理政府加强了对旅游产品的创新，首先，对城市文化产品的种类和质量进行监管，提高了在旅游城市之间的竞争力，同时让游客参与到旅游环境中，体验当地的民俗风情，这样的互动使游客在娱乐中了解当地文化。另外，这一措施加强了对旅游体系的管理，保证了大理的旅游产业的健康发展。交通便利是旅游城市发展的重中之重，为了发展旅游业，大理政府致力于改善交通环境，而现今的大理机场、高速铁路、客运站等对外交通设施，无疑为全国游客提供了一张“便利的通行证”。其次，在交通设施周围开发公共服务设施，如宾馆、酒店等，提高了城市游客接待能力和品质。最后，利用城市的自然环境和白族文化，把旅游性质变成休闲方向，增加旅游项目、完善旅游产品，提高大理的城市形象，为经济发展及城市的文明建设做了极大贡献。例如，大理有地形崩塌而形成的高原湖，它的形状像耳朵，其名为洱海。为了吸引游客在这个自然环境中漫步、游憩，政府开始建设洱海公园，在洱海周围修建一些景观大道，已完成体验馆、智能系统、环卫等基础设施，在交通方面建设出慢行步道、自行车道、老年代步车道等，景观大道已成为大理一道亮丽的风景线，吸引当地的居民和游客来漫步、休闲娱乐、拍婚纱照等（图 4-3-1）。

图 4-3-1　洱海一角

谈到大理一定要说到大理的城市标志——崇圣寺三塔（图 4-3-2），1961 年被评为第一批全国重点文物保护单位的它，外观与西安的小雁塔相似，非常精巧。崇圣寺三塔经过 30 多次强地震，不同程度地偏离垂直线，保持倾斜状态已达 400 年，也是一个中国古代建筑的一个奇迹。大理的民居是以白族民居为主，建筑基本都是就地取材，以石头为主，注重装饰的他们把艺术集中在了飞檐和照壁上。

图 4-3-2　大理建筑（照壁、崇圣寺三塔）

针对大理的发展，从社会发展和城市经济学的角度来说，创新是一个城市发展的最大因素之一，尤其对旅游城市来说更是强大动力，一个好的旅游环境离不开政府的战略政策。从城市建设角度来说，要合理布局城市功能区域，建设符合城市发展的对内、对外交通系统，增加体现城市文化的旅游产品，提高城市经济发展速度，利用自然资源和人文资源改进旅游路线以吸引游客，打造良好的城市形象。因此以景区、住宿、商业、民俗、餐饮等一系列城市的第三产业为主的城市经济水平直线上升，2018 年大理接待了共 4710.84 万人次，旅游业收入 795.8 亿，这一年大理创街道游客数的新高。

因此，一个城市的发展离不开好的政策、城市的特色、地域的自然环境和历史、文化等人文环境。尤其是在旅游城市中，只要用因地制宜的方式把政策和城市特点很好地结合在一起，就能打造属于自己的城市形象及文化品牌。

第五章　城市规划的未来发展

本章内容为城市规划的未来发展，主要从两个方面进行了介绍，分别为城市规划现状、城市规划的未来发展方向。其中我国城市规划的未来发展方向是既要继续可持续发展和绿色生态发展，又要在现代科学技术进步的基础上进行智慧城市的探索。

第一节　城市规划现状

一、我国城市规划现状分析

我国城市化起源较早，城市规划经历了较长的发展历程。传统城市建设对建筑的规划设计一直遵从人与自然的和谐和人文历史风俗，造就了很多经典的建筑古迹和优秀城市。随着工业化的快速发展，城市规模逐步扩大，在西方城市规划设计思想的影响下，我国城市建筑规划设计呈现了传统与现代结合、中西化风格结合的面貌，各地区城市建筑既有自身特色和文化传承性，又展现出新的发展姿态。

（一）逐渐向特色化发展

不同区域资源、不同历史文化背景及不同的民族因素，造就了极具地域特色和民族风情的城市建筑、城市形象，这是我国城市发展建设形成的珍贵财富。城市规划设计者应当意识到这些资源的重要性，要善于将本地历史文化和地域资源融合到新城市的规划设计中去，以保护地域特色文化资源，提升城市文化内涵。当前，我国很多城市在进行规划时都在极力突出自身特色，规划设计师彻底改变以往盲目跟风、全盘西化的思路，融合了区域代表性文化元素和历史基因，使城市风光别具一格。

（二）重视预见性规划设计

城市交通问题、发展空间问题及服务功能问题等已经成为影响城市外在形象和综合功能的重要因素，也是城市规划建设和发展急需解决的问题。这个问题的产生，一方面是由于社会经济的快速发展，推动城市化进程不断加快，造成城市人口大量集聚；另一方面与城市规划设计有很大关系。为避免或缓解这些问题，现代城市规划设计越来越重视预见性规划设计，要求规划设计者必须对城市的当前空间结构、功能设施及未来的发展可能进行综合考虑，规划时提前预留空间，考虑未来城市发展的需要，避免未来发展新城时以拆迁旧城为代价。例如，在城市规划建设时规划构建完善的交通网络，加强城市组团和片区之间的沟通联系，可以为未来城市群的建设提供重要保障。

（三）新城建设与老城保护同步

旧城中的众多文物古迹是最直观、最具研究价值的亮点之一，承载着一座城市的历史、文化及精神内涵，是一个地区、一座城市的历史见证者，也是很多城市居民最美好、最深刻的记忆。我国现代城市规划建设中，很多地方政府和文化部门都加大了对古建、历史遗址的保护力度。在新城规划建设时，注意避开与老城之间的冲突，或在不破坏古建筑主体结构、不影响其美感的前提下附属搭配一些新建筑，使古建筑与新建筑能够和谐共处，彼此衬托。比如西安的古城墙、北京的紫禁城、上海的静安寺、山西大同的城墙、老北京胡同、武汉“三德里”和“泰兴里”、成都锦里及宽窄巷子等，这些建筑不仅饱含历史人文内涵，而且成为新城市中的一道独特风景线。

二、我国城市规划存在的问题

（一）具体规划方面

在一些城市的规划中，建新城、新区的较多，而旧城改造的较少；建设豪华建筑的较多，而保留自然环境和人文资源的较少。往往是建完高楼大厦，再造仿古建筑，擅自拆除古建筑，破坏文物的事件也屡有发生。除此之外，由于城市规划的不当，城市环境不断恶化。一些地方违法批地、占用耕地，造成耕地面积减少，土地资源流失严重；一些地方在城市规划中忽视了对水、绿地的保护，导致人与自然的和谐关系受到严重的挑战，也给我国社会主义和谐社会的建设造成较大的影响。

（二）规划理念方面

西方国家的城市规划经历了注重物质规划、注重经济规划、注重环境规划、注重社会规划、注重生态规划、注重文化规划六个阶段。而我国目前的城市规划编制还处在发达国家的第一到第三个阶段。按照现有规划编制的内容来看，城市规划既缺乏对社会问题的认识，也缺乏对城市文化的研究，从而导致我国城市规划编制内容的设置与现实严重脱节。近些年来，我国在城市规划的编制中尽量进行了人本主义的设计，但也仅仅是体现在物质规划和设计中，没有从更深层次上考虑人本身的心理和生理需求。当前，城市社会两极化现象严重，众多外来人口沦为新城市贫困人口，对此，城市规划都缺乏应有的考虑。

（三）发展方向方面

改革开放给城市发展带来了机遇，加速了城市的发展，一时间，旅游城市、国际化城市和金融商贸中心的建设热潮四起。大部分城市对旅游业的开发很重视，甚至要将其建设成为旅游城市，但是该城市根本没有把本市的特点搞清楚，尤其是没有定位好城市的发展方向，就盲目照搬，建设结果可想而知。

（四）用地结构方面

大多数城市为了快速发展，只注重经济的增长，忽略了城市环境质量的提高，使得用地结构不科学、不合理，造成工业用地比例偏高，绿地、公共设施用地比例偏低的现象。同时，一些城市在规划设计中，土地利用率低下，对土地资源造成极大的浪费，还有一些城市只顾眼前利益而不考虑长远的发展，对城市缺乏深入的研究，没有进行科学的规划，给国家和人民的财产造成极大的损害。

第二节　城市规划的未来发展方向

一、向可持续发展城市发展

（一）可持续发展理念下的城市规划

1. 城市规划的基本思路

城市规划需要始终坚持保护自然环境，对已有资源进行充分利用，确保社会生态承载力不断提升，努力实现社会、经济、环境相融合的最佳发展状态。生态环境规划需要从现实角度出发，明确环境保护责任，从而实现可持续发展。在具体工作开展中，需要通过各种科学手段，在满足政策需求背景下落实可持续发展理念，保证规划的各环节符合现实标准。

2. 可持续发展城市规划未来发展导向

从规划制定角度来看，城市规划需要重视城市发展目标，同时还要完成城市发展方向预测。在确定城市发展目标的背景下，城市规划才能起到引导作用，在实践中逐渐朝着目标方向努力。目标设定需要具有科学性特点，在目标确定的初始阶段，需要对区域内部的资源进行考察，保证城市内部各项资源处于平衡状态。另外，还需保证近期目标和远期目标的协调性，在实现目标的过程中，需要逐渐调整规划，确保规划和长期发展目标处于协调状态，为城市发展创造良好环境。

3. 可持续发展城市规划的生态导向

城市规划需要重视环境导向，城市可以被看成是一个完整的生态系统，因此需要从生态学角度出发完成城市规划，重视城市环境与资源相结合，充分体现环境保护和生态保护的重要性，促使生态系统稳定发展。若想整体展现生态环境的导向功能，在初始阶段，需要将发展战略和城市规划进行结合。在规划设计过程中，工作人员需要主动完成规划实施，对实施结果进行全方位分析。在城市规划设计中，需要聘请专家对环境进行综合分析，从源头有效治理环境问题，同时还需找到经济和社会发展的协调点，为城市建设和环境保护同步落实创造基础条件。

（二）可持续发展城市规划的具体内容

1. 经济方面

从城市发展角度来看，当经济和环境治理出现矛盾时，只有协调两者的关系，才能解决问题。在城市规划中，若想合理应用可持续发展理念，需要优化经济环境和经济结构，在经济基础上落实可持续发展理念，实现产业协调发展，为环保事业创造良好条件。从城市生态功能角度来看，若想确保城市生态结构的完善，需要优化产业结构，保证能量流动和物质循环。在产业结构改造过程中，需要重视经济发展状态，将不破坏生态环境作为基础条件，最终达到可持续发展目标。

2. 生态环境方面

城市和复合生态系统有相同的特点，其中主要包含自然、经济与社会三个部分。城市需要协调自然生态系统和环境资源的关系，确保环境资源和经济发展形成互相促进作用。城市规划中的生态环境保护方面应实现可持续发展，应用现代生物学和其他学科知识，将城市资源作为基础条件，合理协调城市内部不同系统之间的关系，确保经济持续增长，防止出现资源浪费现象。生态环境需要和经济之间协调发展，明确人与自然和谐发展的重要性，最终满足城市发展需求。

3. 社会发展方面

城市规划需要将社会可持续发展作为最终目标。城市规划需要全面落实可持续发展理念，追寻经济有效增长，重视不同利益群体的资源分配，从而满足多个群体的现实需求，确保社会和谐发展、共同繁荣。在城市规划工作开展中，可以将社会发展看成系统工程，将群众作为发展主体，构建社会发展与环境保护之间的联系。满足群众生活需求，实现群众全面发展是城市规划的终极目标。为保证群众全面发展质量，需要重视社会可持续发展状态，将其视为重点，为城市规划稳定发展提供理论基础。

二、向绿色生态城市发展

绿色生态城市的规划建设，必须以城市内部各个功能区域为基础，严格按照以人为本的原则和要求合理进行人文因素、地理因素、能源资源等的规划和设计。城市规划设计部门在开展绿色生态城市的规划设计工作时，必须充分重视人们对生活环境品质提出的要求，充分发挥绿色资源、绿色能源的优势，设计出能够充分体现人与自然和谐发展的城市规划设计方案，推动绿色生态城市规划建设工作有序开展。绿色生态城市的规划设计必须体现出可持续发展的特点，加大新型能源的利用力度，将绿色生态城市精神文化融入城市规划设计方案中，确保绿色生态城市建设目标的顺利实现。

（一）绿色生态城市规划设计目标

首先，绿色生态城市规划设计必须将人与自然和谐发展作为首要目标。现代城市的建设与发展必须在人与自然和谐发展原则的指导下进行，切不可为了城市建设发展而忽略了保护生态环境的重要性，避免城市整体建设与生态环境发生矛盾，影响人与自然之间的和谐发展。其次，绿色生态城市规划设计应该以现代城市可持续发展为首要目标，切不可因为过度追求经济效益盲目扩张，而是应该在综合各种因素的基础上，将绿色生态理念融入城市规划设计中。绿色生态城市规划设计不仅要确保城市经济发展目标的顺利实现，而且还应推动城市生态的可持续发展，为人们营造绿色舒适的生活和居住环境。最后，切实提高绿色生态城市规划设计的质量和效率。相关部门在开展绿色生态城市规划建设工作时，必须采取积极有效的措施避免生态污染问题的发生，有效提升能源资源的利用率，推动现代城市的可持续发展。

（二）绿色生态城市规划设计理念

1. 生态平衡理念

在开展绿色生态城市规划设计工作时，必须严格按照自然生态系统平衡与保持的原则和要求，切忌将经济效益视为单一评价标准，应充分利用多样化评价标准，在保证生态平衡的前提下开展城市规划和建设活动，减少城市建设过程中的碳排量，确保城市生态系统可持续稳定发展目标的顺利实现。比如，设计人员在开展绿色生态城市规划设计工作时，应该充分考虑本地区的地形地貌、气候、植被、水文等相关条件，通过开展空间规划调研的方式，提高绿色生态城市规划设计的科学性与有效性，确保城市规划设计方案与生态环境相互融合。

2. 整体设计理念

绿色生态城市的规划设计要求相关部门必须将自然生态系统的平衡发展作为首要目标。这就要求设计人员在开展绿色生态城市规划设计工作时，应该深入调查和研究本地区的气候、水文、地质、植被等参数，严格按照绿色生态平衡建设和发展的要求，设计出有助于城市生态系统可持续、稳定发展的城市规划建设方案。城市建设应严格按照绿色生态可持续发展的理念要求，加大新能源在绿色生态城市规划建设中的应用力度，充分发挥本地区的空间形态优势，将绿色生态城市规划建设与现有生态环境有机融合在一起，提高绿色生态城市规划设计的质量，推动现代城市的建设和发展。

3. 空间适宜理念

绿色生态城市的规划设计不但要始终坚持因地制宜的原则，而且还应将为广大居民提供适宜居住和生活的城市空间环境作为首要目标。这就要求城市规划设计部门在开展绿色生态城市的规划设计工作时，应该紧紧围绕尺度、形状、分布、方式等，科学合理地开展城市空间设计工作，以最大限度地满足人们的空间应用需求，设计出更加舒适的生活和居住环境。

4. 循环发展理念

绿色生态城市规划设计与传统单一性的城市规划设计相比，其注重的是城市环保性能的优化和设计。因此，相关部门在开展绿色生态城市规划设计工作时，不但要重视城市现有经济发展环境的优化和完善，而且还应采取相应的措施完善城市生态系统与环保管理性能，严格遵循生态循环的设计理念和要求，推动绿色生态城市的规划设计工作发展，体现出绿色生态城市设计方案的科学性与合理性。

三、向智慧城市发展

（一）智慧城市的概念

智慧城市是近几年兴起的概念，主要是指依托多种先进科学技术，将城市服务和系统进行集成并打通，以此提升资源使用效率、城市管理及服务水平，促进城市居民的生活质量大幅度提高。

（二）智慧城市建设的现实价值

1. 促进现代化城市建设

当前，我国城镇、农村地区发展迅速，“城市病”逐步成为阻碍社会发展的主要问题，增加了城市规划的难度。智慧城市建设理念的兴起与落实为城市规划指明了新的发展方向，有效缓解了“城市病”带来的一系列不良影响，并逐步转变为我国城市规划的主流发展趋势，推动我国城市建设与社会发展不断向着信息化、现代化的方向前进。

2. 促进经济转型

智慧城市建设除了可以改善城市居民的日常生活，还能够依托区域科学技术创新水平的提升，从而达到增强区域产业竞争力的效果，为区域经济发展创造新的增长点，进而促进区域经济转型及产业升级。

3. 更好地解决民生问题

智慧城市建设整合运用了多种先进科学技术，实现了对大量复杂数据信息的实时性获取及分析。基于此，相关政府部门可以提取其中的民生问题并进行针对性解决。

（三）城市规划体系与智慧城市建设之间的关系

1. 相互影响

第一，城市规划体系对智慧城市建设的影响。在城市规划中，存在部分与智慧城市建设目标相一致的内容，可以达到更好地推动智慧城市建设与发展的效果。第二，智慧城市建设对城市规划体系的影响。依托智慧城市建设工作的展开，城市化发展模式得到了进一步优化完善，促使城市规划从以往的粗放模式逐步转向节约模式。

2. 交叉并行

受到城市规划系统与智慧城市建设相互作用的影响，两者之间形成了交叉并行的关系，即城市规划系统与智慧城市建设之间存在大量交叉性内容，特别是两者在需求及特征方面具有极高的相似性。

综合而言，城市规划体系与智慧城市建设之间存在一个相同的基础性要素，即“数据”，两者依托数据转换，表现出统一性，共同推动我国城市的更好发展。

（四）智慧城市专项规划以新基建为重点任务

新基建指的是人工智能、工业互联网、物联网等新型基础设施建设。新基建以数字化为核心，为智慧城市的实现提供了新技术、新场景、新动力，有助于完善城市基础设施，丰富技术应用场景，带动数字经济产业发展，实现数字协同的城市治理，从硬件和软件上为智慧城市提供支撑。因此，智慧城市专项规划应以新基建为设施基础和重点任务，形成总体规划框架。

1. 全面建设信息基础设施

以 5G、数据中心、城市信息模型（CIM）基础平台等为代表的信息基础设施是数字经济发展和智慧城市建设的战略基石。5G 通过解决超大链接问题，将大大加速人、机、物深度融合的数字孪生城市建设。数据中心作为数据中枢和算力载体，可以其大规模计算能力支撑政务协同办公、线上高清直播、远程医疗等新型智慧应用场景。CIM 基础平台则是以建筑信息模型（BIM）、地理信息系统（GIS）、物联网（IoT）等技术为基础，整合城市地上地下、室内室外、现状未来多维信息模型数据和城市感知数据，构建起三维数字空间的城市信息有机综合体。

2. 强化升级融合基础设施

将“旧基建”升级为“新基建”是运用新技术改善人们生活、实现现代化城市治理和城市服务的一种重要方式。这种升级改造，一方面体现在车联网设施、智能化道路等智能交通设施及分布式发电站、智能电网等智慧能源设施上，将新技术与城市传统基础设施进行融合，为智慧应用场景的落地推广提供更加完备的基础。另一方面也体现在构建覆盖城市主要公共场所、城市生命线等基础设施的物联感知体系上，建立统一的物联网平台，实时、精准掌控各类设施的运行状态，实现设备统一管理、数据统一采集、信息统一发布。

3. 超前布局创新基础设施

创新基础设施可在我国科技创新进入“深水区”的关键阶段为产业和社会的发展提供“加速度”。新能源、新材料、智能装备等先进技术领域的企业孵化器、高校研究所、技术创新实验室、政产学研协同创新平台等产业基础设施将作为创新载体，促进高新技术领域的科研成果转化，推动原有产业活化升级、创新产业链集聚，构建起人才、技术、资本集聚的创新基础新生态，为智慧城市发展提供源源不断的内在动力。

（五）城市规划体系中智慧城市建设的策略

1. 提高开放性服务平台的搭建

在城市规划体系中，要想展现出智慧城市建设的相关内容，就需要以两者的交叉并行点为切入点，依托“数据”这一共同要素展开规划，并积极搭建开放性更强的服务平台。从城市文明建设这一宏观角度入手，城市规划体系为智慧城市建设提供充足的数据支持，形成相关数据库。保存在该数据库中的信息在存量、生成量方面必须具备持续性特点，所以要在城市规划体系中提供数据采集与上传服务，体现出对智慧城市建设的支持。在此基础上，要充分利用不同地区的信息服务平台，依托各个平台之间的通信关联及信息共享，构建开放性更强的信息服务平台，为多个智慧城市之间的数据信息交流、交换提供平台支持。

2. 生态环境与智慧城市相结合

智慧城市的生态性需求包含物质效用生产效率层面的生态建设。在此基础上，要在城市规划体系中展现出智慧城市建设所提出的双重生态建设要求，促使实现数据生态环境建设与物质生态环境建设的有机整合，依托各种形式的“数据”，将管理要素与生产要素相关联。

3. 完善智慧生活与设施的建设

（1）智慧生活

站在智慧生活的角度来看，可以从智慧社区、智慧小区、智慧建筑这三个方面入手，结合城市规划内容构建起智慧生活服务体系，推动城市居民生活及居住环境的智慧化。其中，在智慧社区的建设中，需要重点建成社区安全监控中心，在商业中心、公共空间、重要路口区域加设检测器，建立工作社区中心、邻里中心及服务中心。在智慧小区的建设中，需要重点建设小区安全监控中心，并引入智能门禁、智能停车位。在智慧建筑的建设中，需要着重引入智能测量系统、烟雾防火感应系统、燃气泄漏感应系统、险情紧急按钮及室内外防盗感应系统等，同时实现楼宇太阳能利用及楼宇式燃气电热冷联合供应。

（2）智慧设施

站在智慧设施的角度来看，可以从智慧水资源管控、智慧能源管控、智慧环境管控、智慧交通管控四个方面入手，结合城市规划内容构建起智慧设施体系，推动城市居民生活及居住环境的智慧化。

第一，在智慧水资源管控方面，需要配置分质供水及雨水收集设施，并建设人工湿地。依托城市规划中的慢行系统，以蓄水池模式或渗水下凹绿地模式完成雨水收集设施的设置。联合城市内的滨河公园、雨水泵站实现人工湿地的建造。第二，在智慧能源管控方面，需要配置污水源热泵及沼气回收发电站，同时优化利用地热资源的设施。第三，在智慧环境管控方面，需要配置应急指挥中心、生态环境监控指挥中心、空气质量监测站、防洪防潮监控站、水质监测站、噪声监测站及垃圾资源化分类处理中心等，并结合慢行雨水收集系统设置洒水车供水器。第四，在智慧交通管控方面，需要配置交通控制中心、停车场智能指引系统、慢行系统，并在城市区域加设充电桩、智能公交站牌及非机动车停车库等。

4. 规划与新型基础设施相融合

（1）新型基础设施先行

智慧城市建设应从底层硬件起步，优先、适度超前布局新型基础设施。当前我国城市已进入存量发展阶段，城市更新与高质量发展的需求并存。新建地区发展新基建可以率先应用先进技术，打造面向未来的智慧城市。在建成地区，传统基础设施存在设施老化、智能化水平低等问题，可以通过智能化改造的方式，更新升级基础设施建设。

（2）协同智慧信息系统

数据已成为智慧城市发展的核心资源，数据整合和挖掘对于协同城市各系统、提高运行和服务效率、推动应用创新具有重要意义。新时期，智慧城市建设亟须一个“中枢神经系统”即 CIM 基础平台统筹管理各类数据和应用系统。在数据上，统一数据汇聚和共享交换标准，规范数据应用，挖掘数据价值；在应用上，注重新建和已建系统、不同层级系统之间的衔接与协同，充分利用已有资源，避免重复建设，以统一的数据底层和开放的应用接口统筹各类系统。

（3）推动创新产业发展

智慧城市规划中要考虑数据中心等信息基础设施的建设，为互联网、云计算及其他科技创新企业和重点科研机构提供硬件资源。同时，注重将智慧城市建设带来的海量数据转化成数字技术和新兴产业发展的重要支撑，以政府为主体搭建开放的数据环境和创新平台，提供符合特定产业需求的数字化招商管理、大数据分析等服务，推动区域内产业活化更新，使产业发展与智慧城市建设相辅相成。

5. 重视合理规划，运用新型技术

（1）提前完成合理规划。在开展上述一系列工作前，必须要对当前城市的现实情况及发展需求展开提前调查与分析，确定城市目前的资源、规划目标等，并以此为基础制定出不同发展阶段（短期、中期与长期）的智慧城市建设目标及对应方案，提高智慧城市建设规划的可操作性。

（2）加大技术创新力度。智慧城市建设与先进技术息息相关，因此需要持续加强在技术创新方面的投入。目前，我国的智慧城市建设处于起步阶段，具体需要何种科学技术的支持还有待进一步探索，需要“摸着石头过河”。因此，要结合实践不断探索出所需技术，逐步实现技术优化创新，为智慧城市建设优化提供有力、充足的技术支持。

（3）5G的应用。5G基站建设是当前城市规划中的重要内容，也为智慧城市的建设提供了有力支持。在实践中，要积极推动5G的商用化，加大在5G基站建设方面的投入力度，逐步实现5G网络在城市区域内的全覆盖，以此促进智慧城市建设的技术升级。

6. 形成智慧城市规划总体设计方案

（1）全面感知层

全面感知层主要依托城市监管智慧化的实现，完成对城市生活中所产生的海量数据信息的收集整理，从中提取出高价值信息并展现出来，确保城市居民对城市动态信息进行实时性了解与掌握。基于这样的前提条件，相关决策人员、管理人员也可以在更快的时间内做出更为准确、科学合理的决策。

（2）基础设施层

基础设施层主要完成为智慧城市建设提供承载空间的任务，其质量与智慧城市规划及建设质量息息相关。基础设施层包含着可满足承载要求的硬件设备、承载数据传输的网络等，需要相关工作人员着重配置设备资源，为发挥基础设施层的最大化价值提供支持，推动智慧城市的建设升级。

（3）能力平台层

能力平台层主要为智慧城市建设的实现、智慧应用设施的创新研发搭建起稳定性更强的操作环境。现阶段，将人工智能技术、大数据分析技术、云计算技术、物联网技术及城市信息模型技术等融入能力平台搭建中是必然选择，因此需要重点加强集约化能力建设，保证上述先进科学技术可以切实融合在平台内，并最大化地发挥出相应技术优势，促使提升能力平台层中智慧城市建设的效率。

（4）智慧应用层

智慧应用层所涉及的应用内容涵盖很广，包括城市生活服务、城市治理、产业发展等。就目前的情况来看，智能化技术、信息化技术迅速发展并不断更新，为了切实满足智慧城市可持续发展的需求，就必须要在构建智慧应用层时考量后续先进科学技术的适应性，预留出可以进行技术升级、可供其他软硬件系统接入的端口等，做到与时俱进。

参考文献

[1] 吴志强，李欣．城市规划设计的永续理性 [J]. 南方建筑，2016，（5）：4-9.

[2] 杨钦宇．治理视角下城市规划公众参与研究与模式设计 [D]. 南京：南京大学，2015.

[3] 童钟．基于 GIS 的城市规划统计评价系统设计与开发研究 [D]. 武汉：华中科技大学，2014.

[4] 张京祥，赵丹，陈浩．增长主义的终结与中国城市规划的转型 [J]. 城市规划，2013，37（1）：45-50；55.

[5] 洪亮平，余庄，李鹍．夏热冬冷地区城市广义通风道规划探析——以武汉四新地区城市设计为例 [J]. 中国园林，2011，27（2）：39-43.

[6] 王建国．城市设计 [M]. 南京：东南大学出版社，2011.

[7] 张泉，叶兴平，陈国伟．低碳城市规划——一个新的视野 [J]. 城市规划，2010，34（2）：13-18；41.

[8] 席田鹿．中国传统文化儒家、道教对中国建筑、园林及城市规划设计的影响 [J]. 美苑，2007，（4）：79-80.

[9] 李亮．中国城市规划变革背景下的城市设计研究 [D]. 北京：清华大学，2006.

[10] 卢峰，徐煜辉，董世永．西部山地城市设计策略探讨 以重庆市主城区为例 [J]. 时代建筑，2006，（4）：64-69.

[11] 吴可人，华晨．城市规划中四类利益主体剖析 [J]. 城市规划，2005，（11）：82-87.

[12] 吴琼，王如松，李宏卿，等．生态城市指标体系与评价方法 [J]. 生态学报，2005，（8）：2090-2095.

[13] 陈彦光．分形城市与城市规划 [J]. 城市规划，2005，（2）：33-40；51.

[14] 马武定．城市规划本质的回归 [J]. 城市规划学刊，2005，（1）：16-20.

[15] 石楠．试论城市规划中的公共利益 [J]. 城市规划，2004，（6）：20-31.

[16] 孙施文，殷悦 . 西方城市规划中公众参与的理论基础及其发展 [J]. 国外城市规划，2004，（1）：15-20；14.

[17] 卢济威 . 论城市设计整合机制 [J]. 建筑学报，2004，（1）：24-27.

[18] 唐子来，朱弋宇 . 西班牙城市规划中的设计控制 [J]. 城市规划，2003，（10）：72-74.

[19] 唐子来，胡力骏 . 意大利城市规划中的设计控制 [J]. 城市规划，2003，（8）：56-60.

[20] 唐子来，姚凯 . 德国城市规划中的设计控制 [J]. 城市规划，2003，（5）：44-47.

[21] 孙施文，周宇 . 城市规划实施评价的理论与方法 [J]. 城市规划汇刊，2003，（2）：15-20；27-95.

[22] 唐子来，付磊 . 发达国家和地区的城市设计控制 [J]. 城市规划汇刊，2002，（6）：1-8；79.

[23] 张京祥，朱喜钢，刘荣增 . 城市竞争力、城市经营与城市规划 [J]. 城市规划，2002，（8）：19-22.

[24] 仇保兴 . 城市定位理论与城市核心竞争力 [J]. 城市规划，2002，（7）：11-13；53.

[25] 谷凯 . 城市形态的理论与方法——探索全面与理性的研究框架 [J]. 城市规划，2001，（12）：36-42.

[26] 阮仪三，孙萌 . 我国历史街区保护与规划的若干问题研究 [J]. 城市规划，2001，（10）：25-32.

[27] 车生泉，王洪轮 . 城市绿地研究综述 [J]. 上海交通大学学报（农业科学版），2001，（3）：229-234.

[28] 孙晖，梁江 . 美国的城市规划法规体系 [J]. 国外城市规划，2000，（1）：19-25；43.

[29] 唐子来，李京生 . 日本的城市规划体系 [J]. 城市规划，1999，（10）：50-54；64.

[30] 唐子来 . 英国的城市规划体系 [J]. 城市规划，1999，（8）：37-41；63.